ÉLÉMENTS

DE

GÉOMÉTRIE

De l'Imprimerie de Ch. Lahure (ancienne maison Crapelet).
Rue de Vaugirard, 9, près de l'Odéon.

ÉLÉMENTS

DE GÉOMÉTRIE

DE CLAIRAUT

RÉIMPRIMÉS

CONFORMÉMENT AUX INDICATIONS DES NOUVEAUX PROGRAMMES OFFICIELS
SANS AUTRE CHANGEMENT
QUE LA SUBSTITUTION DES NOUVELLES MESURES AUX ANCIENNES

PAR M. SAIGEY

PARIS

LIBRAIRIE DE L. HACHETTE ET Cie
RUE PIERRE-SARRAZIN, N° 14
(Près de l'École de Médecine)

1852

PRÉFACE.

Quoique la Géométrie soit par elle-même abstraite, il faut avouer cependant que les difficultés qu'éprouvent ceux qui commencent à s'y appliquer, viennent le plus souvent de la manière dont elle est enseignée dans les éléments ordinaires. On y débute toujours par un grand nombre de définitions, de demandes, d'axiomes et de principes préliminaires, qui semblent ne promettre rien que de sec au lecteur. Les propositions qui viennent ensuite, ne fixant point l'esprit sur des objets plus intéressants, et étant d'ailleurs difficiles à concevoir, il arrive communément que les commençants se fatiguent et se rebutent avant que d'avoir aucune idée distincte de ce qu'on voulait leur enseigner.

Il est vrai que, pour sauver cette sécheresse naturellement attachée à l'étude de la Géométrie, quelques auteurs ont imaginé de mettre, à la suite de chaque proposition essentielle, l'usage qu'on en peut faire pour la pratique; mais par là ils prouvent l'utilité de la Géométrie, sans faciliter beaucoup les moyens de l'apprendre. Car chaque proposition venant toujours avant son usage, l'esprit ne revient à des idées sensibles qu'après avoir essuyé la fatigue de saisir des idées abstraites.

Quelques réflexions que j'ai faites sur l'origine de la Géométrie m'ont fait espérer d'éviter ces inconvénients, en réunissant les deux avantages d'intéresser et d'éclairer les commençants. J'ai pensé que cette science, comme toutes les autres, devait s'être formée par degrés; que c'était vraisemblablement quelque besoin qui avait fait faire les premiers pas, et que ces premiers pas ne pouvaient pas être hors de la portée des commençants, puisque c'étaient des commençants qui les avaient faits.

Prévenu de cette idée, je me suis proposé de remonter à ce qui pouvait avoir donné naissance à la Géométrie; et j'ai tâché d'en développer les principes par une méthode assez naturelle, pour être supposée la même que celle des premiers inventeurs, observant seulement d'éviter toutes les fausses tentatives qu'ils ont nécessairement dû faire.

La mesure des terrains m'a paru ce qu'il y avait de plus propre à faire naître les premières propositions de Géométrie; et c'est en effet l'origine de cette science, puisque Géométrie signifie *mesure de terrain*. Quelques auteurs prétendent que les Égyptiens, voyant continuellement les bornes de leurs héritages détruites par les débordements du Nil, jetèrent les premiers fondements de la Géométrie, en cherchant les moyens de s'assurer exactement de la situation, de l'étendue et de la figure de leurs domaines. Mais quand on ne s'en rapporterait pas à ces auteurs, du moins ne saurait-on douter que, dès les premiers temps, les hommes n'aient cherché des méthodes pour mesurer et pour partager leurs terres. Voulant dans la suite perfectionner ces méthodes, les recherches particulières les conduisirent peu à peu à des recherches générales; et s'étant enfin proposé de connaître le rapport exact de toutes sortes de grandeurs, ils formèrent une science d'un objet beaucoup plus vaste que celui qu'ils avaient d'abord embrassé, et à laquelle ils conservèrent cependant le nom qu'ils lui avaient donné dans son origine.

Afin de suivre dans cet ouvrage une route semblable à celle des inventeurs, je m'attache d'abord à faire découvrir aux commençants les principes dont peut dépendre la simple mesure des terrains et des distances accessibles ou inaccessibles, etc. De là je passe à d'autres recherches qui ont une telle analogie avec les premières, que la curiosité naturelle à tous les hommes les porte à s'y arrêter ; et justifiant ensuite cette curiosité par quelques applications utiles, je parviens à faire parcourir tout ce que la Géométrie élémentaire a de plus intéressant.

On ne saurait disconvenir, ce me semble, que cette méthode ne soit au moins propre à encourager ceux qui pourraient être rebutés par la sécheresse des vérités géométriques, dénuées d'applications ; mais j'espère qu'elle aura encore une utilité plus importante, c'est qu'elle accoutumera l'esprit à chercher et à découvrir ; car j'évite avec soin de donner aucune proposition sous la forme de théorèmes, c'est-à-dire de ces propositions où l'on démontre que telle ou telle vérité est, sans faire voir comment on est parvenu à la découvrir.

Si les premiers auteurs de mathématiques ont présenté leurs découvertes en théorèmes, ç'a été sans doute pour donner un air plus merveilleux à leurs productions, ou pour éviter la peine de reprendre la suite des idées qui les avaient conduits dans leurs recherches. Quoi qu'il en soit, il m'a paru beaucoup plus à propos d'occuper continuellement mes lecteurs à résoudre des problèmes, c'est-à-dire à chercher les moyens de faire quelque opération ou de découvrir quelque vérité inconnue, en déterminant le rapport qui est entre des grandeurs données et des grandeurs inconnues, qu'on se propose de trouver. En suivant cette voie, les commençants aperçoivent, à chaque pas qu'on leur fait faire, la raison qui détermine l'inventeur ; et par là ils peuvent acquérir plus facilement l'esprit d'invention.

On me reprochera peut-être, en quelques endroits de ces éléments, de m'en rapporter trop au témoignage des yeux, et de ne m'attacher pas assez à l'exactitude rigoureuse des démonstrations. Je prie ceux qui pourraient me faire un pareil reproche, d'observer que je ne passe légèrement que sur des propositions dont la vérité se découvre, pour peu qu'on y fasse attention. J'en use de la sorte, surtout dans les commencements, où il se rencontre plus souvent des propositions de ce genre, parce que j'ai remarqué que ceux qui avaient de la disposition à la Géométrie, se plaisaient à exercer un peu leur esprit; et qu'au contraire ils se rebutaient, lorsqu'on les accablait de démonstrations pour ainsi dire inutiles.

Qu'Euclide se donne la peine de démontrer que deux cercles qui se coupent n'ont pas le même centre, qu'un triangle renfermé dans un autre a la somme de ses côtés plus petite que celle des côtés du triangle dans lequel il est renfermé, on n'en sera pas surpris. Ce géomètre avait à convaincre des sophistes obstinés, qui se faisaient gloire de se refuser aux vérités les plus évidentes; il fallait donc qu'alors la Géométrie eût, comme la logique, le secours des raisonnements en forme, pour fermer la bouche à la chicane. Mais les choses ont changé de face. Tout raisonnement qui tombe sur ce que le bon sens seul décide d'avance, est aujourd'hui en pure perte, et n'est propre qu'à obscurcir la vérité et à dégoûter les lecteurs.

Un autre reproche qu'on pourrait me faire, ce serait d'avoir omis différentes propositions qui trouvent leur place dans les éléments ordinaires, et de me contenter, lorsque je traite des propositions, d'en donner seulement les principes fondamentaux.

A cela je réponds qu'on trouve dans ce traité tout ce qui peut servir à remplir mon projet, que les propositions que je néglige sont celles qui ne peuvent être d'aucune utilité par elles-mêmes, et qui d'ailleurs ne sauraient contribuer à faciliter l'intelligence de celles dont il importe d'être instruit; qu'à l'égard des proportions, ce que j'en dis doit suffire pour faire entendre les propositions élémentaires qui les supposent. C'est une matière que je traiterai plus à fond dans les éléments d'Algèbre, que je donnerai dans la suite.

Enfin, comme j'ai choisi la mesure des terrains pour intéresser les commençants, ne dois-je pas craindre qu'on ne confonde ces éléments avec les traités ordinaires d'arpentage? Cette pensée ne peut venir qu'à ceux qui ne considéreront pas que la mesure des terrains n'est point le véritable objet de ce livre, mais qu'elle me sert seulement d'occasion pour faire découvrir les principales vérités géométriques. J'aurais pu de même remonter à ces vérités, en faisant l'histoire de la physique, de l'astronomie ou de toute autre partie des mathématiques que j'aurais voulu choisir ; mais alors la multitude des idées étrangères, dont il aurait fallu s'occuper, aurait comme étouffé les idées géométriques, auxquelles seules je devais fixer l'esprit du lecteur.

ÉLÉMENTS

DE

GÉOMÉTRIE.

PREMIÈRE PARTIE.

DES MOYENS QU'IL ÉTAIT LE PLUS NATUREL D'EMPLOYER POUR PARVENIR A LA MESURE DES TERRAINS.

Ce qu'il semble qu'on a dû mesurer d'abord, ce sont les longueurs et les distances.

1. Pour mesurer une longueur quelconque, l'expédient que fournit une sorte de géométrie naturelle, c'est de comparer la longueur d'une mesure connue à celle de la longueur qu'on veut connaître.

2. A l'égard de la distance, on voit que, pour mesurer celle qui est entre deux points, il faut tirer

La ligne droite est la plus courte d'un point à un autre, et par suite est la mesure de la distance entre deux points.

une ligne droite de l'un à l'autre, et que c'est sur cette ligne qu'il faut porter la mesure connue, parce que toutes les autres faisant nécessairement un détour plus ou moins grand, sont plus longues que la ligne droite qui n'en fait aucun.

3. Outre la nécessité de mesurer la distance d'un point à un autre, il arrive souvent qu'on est encore obligé de mesurer la distance d'un point à une ligne. Un homme, par exemple, placé en D (fig. 1) sur le bord d'une rivière, se propose de savoir combien il y a du lieu où il est à l'autre bord AB. Il est clair que, dans ce cas, pour mesurer la distance cherchée, il faut prendre la plus courte de toutes les lignes droites DA, DB, etc., qu'on peut tirer du point D à la droite AB. Or il est aisé de voir que cette ligne, la plus courte dont on a besoin, est la ligne DC qu'on suppose ne pencher ni vers A, ni vers B. C'est donc sur cette ligne, à laquelle on a donné le nom de *perpendiculaire*, qu'il faut porter la mesure connue, pour avoir la distance DC du point D à la droite AB. Mais on voit aussi que, pour poser cette mesure sur la ligne DC, il faut que cette ligne soit préalablement tirée. Il était donc nécessaire qu'on eût une méthode pour tracer des perpendiculaires.

Une ligne qui tombe sur une autre, et qui ne penche sur celle-ci d'aucun côté, est perpendiculaire à cette ligne.

4. On avait encore besoin d'en tracer dans une infinité d'autres occasions. On sait, par exemple, que la régularité des figures telles que ABCD, FGHI (fig. 2 et 3), appelées *rectangles*, et composées de

quatre côtés perpendiculaires les uns aux autres, engage à donner leurs formes aux maisons, à leurs dedans, aux jardins, aux chambres, aux pans de murailles, etc.

Le rectangle est une figure de quatre côtés perpendiculaires les uns aux autres.

La première ABCD de ces figures, dont les quatre côtés sont égaux, s'appelle communément *carré*. L'autre FGHI, qui n'a que ses côtés opposés égaux, retient le nom de rectangle.

Le carré est un rectangle dont les côtés sont égaux.

5. Dans les différentes opérations qui demandent qu'on mène des perpendiculaires, il s'agit, ou d'en abaisser sur une ligne d'un point pris au dehors, ou d'en élever d'un point placé sur la ligne même.

Manière d'élever une perpendiculaire.

Que du point C (fig. 4), pris dans la ligne AB, on veuille élever la ligne CD perpendiculaire à AB, il faudra que cette ligne ne penche ni vers A, ni vers B.

Supposant donc d'abord que C soit à égale distance de A et de B, et que la droite CD ne penche d'aucun côté, il est clair que chacun des points de cette ligne sera également éloigné de A et de B; il ne s'agira donc plus que de trouver un point quelconque D, tel que sa distance au point A soit égale à sa distance au point B : car alors tirant par C et par ce point une ligne droite CD, cette ligne sera la perpendiculaire demandée.

Pour avoir le point D, on pourrait le chercher en tâtonnant; mais le tâtonnement ne satisfait pas l'esprit, il veut une méthode qui l'éclaire. La voici :

Prenez une commune mesure, une corde par exemple, ou un compas d'une ouverture déterminée, suivant que vous travaillerez sur le terrain ou sur le papier.

Cette mesure prise, vous fixerez au point A, ou l'extrémité de la corde, ou la pointe du compas, et faisant tourner l'autre pointe ou l'autre extrémité de la corde, vous tracerez l'arc PDM. Puis, sans changer de mesure, vous opérerez de même par rapport au point B, et vous décrirez l'arc QDN, qui coupant le premier au point D, donnera le point cherché.

Car puisque le point D appartiendra également aux deux arcs PDM, QDN décrits par le moyen d'une mesure commune, sa distance au point A égalera sa distance au point B. Donc CD ne penchera ni vers A, ni vers B. Donc cette ligne sera perpendiculaire sur AB.

Si le point C (fig. 5) ne se trouve pas à égale distance de A et de B, il faut prendre deux autres points *a* et *b* également éloignés de C, et s'en servir à la place de A et de B, pour décrire les arcs PDM, QDN.

La circonférence de cercle est la trace entière que décrit la pointe d'un compas qui tourne sur l'autre pointe.

6. Si une des traces, telle que PDM (fig. 4), était continuée en O, en E, en R, etc. jusqu'à ce qu'elle revînt au même point P, la trace entière s'appellerait *circonférence du cercle*, ou simplement *cercle*.

Qu'on ne trace qu'une partie PDM de la circonférence, cette partie sera appelée *arc de cercle*.

Le point fixe A, son *centre* ou celui du cercle.

Le centre est le lieu de la pointe fixe.

Et l'intervalle AD, son *rayon*.

Le rayon est l'intervalle des 2 pointes.

Toute ligne, comme DAE, qui passe par le centre A, et qui se termine à la circonférence, est appelée *diamètre*; il est évident que cette ligne est double du rayon, ce qui fait que le rayon est quelquefois nommé *demi-diamètre*.

Le diamètre est double du rayon.

7. La manière d'élever une perpendiculaire sur une ligne AB (fig. 6) fournit celle d'en abaisser une d'un point quelconque E, pris hors de cette ligne; car plaçant en E, ou l'extrémité d'un fil, ou la pointe du compas, et d'un même intervalle E*b*, marquant deux points *a* et *b* sur la ligne AB, on cherchera, comme dans l'article précédent, un autre point D dont la distance au point *a* et au point *b* soit la même, et par ce point et par E, on mènera la droite DE, qui ayant chacune de ses extrémités également éloignée de *a* et de *b*, et ne penchant pas plus vers l'un de ces points que vers l'autre, sera perpendiculaire sur AB.

Manière d'abaisser une perpendiculaire.

8. De l'opération précédente suit la solution d'un nouveau problème.

Qu'il s'agisse de partager une ligne droite AB (fig. 7) en deux parties égales; des points A et B, pris comme centres, et d'une ouverture de compas quelconque, on décrira les arcs REI, GEF; ensuite des mêmes centres, et de la même, ou de telle autre ouverture qu'on voudra, on décrira aussi les arcs PDM, QDN : alors la ligne ED qui joindra les points

Couper une droite en 2 parties égales.

d'intersection E et D, coupera AB en deux parties égales au point C.

9. La manière de tracer des perpendiculaires étant trouvée, rien n'était plus aisé que de s'en servir pour faire ces figures qu'on appelle rectangles et carrés, dont on a parlé dans l'article 4. On voit que pour faire un carré ABCD (fig. 2), dont les côtés soient égaux à la ligne donnée K, il faut prendre sur la droite GE un intervalle AB égal à K, puis élever (5), aux points A et B, les perpendiculaires AD, BC, chacune égale à K, ensuite tirer DC.

Faire un carré dont on a le côté.

10. Si on voulait tracer un rectangle FGHI (fig. 3) dont la longueur fût K et la largeur L, on ferait FG égale à K, ensuite on élèverait les perpendiculaires FI et GH, chacune égale à L, puis on tirerait HI.

Faire un rectangle, dont la longueur et la largeur sont données.

11. Dans la construction des ouvrages, comme des remparts, des canaux, des rues, etc., on a besoin de mener des lignes *parallèles*, c'est-à-dire des lignes dont la position soit telle que leurs intervalles aient partout pour mesure des perpendiculaires de même longueur. Or pour mener ces parallèles, rien ce semble n'est plus naturel que de recourir à la méthode dont on se sert pour tracer des rectangles. Que AB (fig. 8), par exemple, soit un des côtés ou de quelque canal, ou de quelque rempart, etc., auquel on voudra donner la largeur CA; ou pour énoncer la question d'une

Les parallèles sont des lignes partout également distantes l'une de l'autre.

manière plus géométrique et plus générale, supposons qu'on veuille mener par C la parallèle CD à AB, on prendra à volonté un point B dans la ligne AB, et l'on opérera de la même façon que si, ayant la base AB, on voulait faire un rectangle ABCD qui eût AC pour hauteur. Alors les lignes CD, AB, étant prolongées à l'infini, seraient toujours parallèles, ou, ce qui revient au même, elles ne se rencontreraient jamais.

Mener une parallèle à une ligne, par un point donné.

12. La régularité des figures rectangulaires les faisant souvent employer, comme nous avons déjà dit, il se trouve bien des cas où l'on a besoin de connaître leur étendue. Il s'agira, par exemple, de déterminer combien il faut de tapisserie pour une chambre, ou combien un enclos de maison ayant la forme d'un rectangle doit contenir d'ares, etc.

On sent que, pour parvenir à ces sortes de déterminations, le moyen le plus simple et le plus naturel est de se servir d'une mesure commune, qui appliquée plusieurs fois sur la surface à mesurer, la couvre tout entière : méthode qui revient à celle dont on s'est déjà servi pour déterminer la longueur des lignes.

Or il est évident que la mesure commune des surfaces doit être elle-même une surface, par exemple celle d'un mètre carré, d'un décimètre carré, etc. Ainsi mesurer un rectangle, c'est déterminer le nombre de mètres carrés ou de décimètres carrés, etc., que contient sa surface.

Prenons un exemple pour soulager l'esprit. Supposons que le rectangle donné ABCD (fig. 9) ait 7 mètres de haut sur une base de 8 mètres, on pourra regarder ce rectangle comme partagé en 7 bandes, *a*, *b*, *c*, *d*, *e*, *f*, *g*, qui contiendront chacune 8 mètres carrés; la valeur du rectangle sera donc 7 fois 8 mètres carrés, ou 56 mètres carrés.

La mesure du rectangle est le produit de sa hauteur par sa base.

Maintenant si on se rappelle les premiers éléments du calcul arithmétique, et qu'on se souvienne que multiplier deux nombres, c'est prendre l'un autant de fois que l'unité est contenue dans l'autre, on trouvera une parfaite analogie entre la multiplication ordinaire et l'opération par laquelle on mesure le rectangle. On verra qu'en multipliant le nombre de mètres ou de décimètres, etc., que donne sa hauteur, par le nombre de mètres ou de décimètres, etc., que donne sa base, on déterminera la quantité de mètres carrés, ou de décimètres carrés, etc., que contient sa superficie.

15. Les figures qu'on a à mesurer ne sont pas toujours régulières, comme les rectangles, cependant on a souvent besoin d'avoir leur mesure; tantôt il s'agira de déterminer l'étendue d'un ouvrage construit sur un terrain qui manquera de régularité, tantôt on voudra savoir ce qu'une terre irrégulièrement bornée contiendra d'ares : il était donc nécessaire qu'à la méthode de déterminer l'étendue des rectangles, on ajoutât celle de mesurer les figures qui ne sont pas rectangulaires.

On voit d'abord que, pour la pratique, la difficulté ne tombe que sur la mesure des figures rectilignes, telles que ABCDE (fig. 10), c'est-à-dire des figures terminées par des lignes droites ; car si dans le contour du terrain il se trouve quelques lignes courbes, comme dans la figure ABCDEFG (fig. 11), il est évident que ces lignes partagées en autant de parties qu'il sera nécessaire pour éviter toute erreur sensible, pourront toujours être prises pour un assemblage de lignes droites.

Les figures rectilignes sont celles que terminent des lignes droites.

Cela posé on voit que, malgré l'infinie variété des figures rectilignes, on peut les mesurer toutes de la même façon, en les partageant en figures de trois côtés, nommées communément *triangles*, ce qu'on fera de la manière la plus simple et la plus commode, si, d'un point quelconque A (fig. 10) du contour de la figure ABCDE, on mène les lignes droites AC, AD, etc., aux points C, D, etc.

Le triangle est une figure terminée par trois lignes droites.

14. Il ne s'agira donc plus que d'avoir la mesure des triangles qu'on aura formés. Or on sait que, pour trouver ce qu'on ignore, le moyen le plus sûr est de chercher si dans ce qu'on connaît, rien ne se rapporterait à ce qu'on veut connaître ; mais on a déjà vu que tout rectangle ABCD (fig. 12), est égal au produit de sa base AB par sa hauteur CB. D'ailleurs il est aisé de s'apercevoir que cette figure coupée transversalement par la ligne AC,

La diagonale d'un rectangle est la ligne qui le partage en 2 triangles égaux.

nommée *diagonale*, se trouve partagée en deux triangles égaux ; et de là on infère que chacun de ces triangles égalera la moitié du produit de leur base AB ou DC, par leur hauteur CB ou DA.

Les triangles rectangles ont 2 côtés perpendiculaires l'un à l'autre.

Il est vrai qu'il n'arrive guère que les triangles à mesurer aient deux de leurs côtés perpendiculaires l'un à l'autre, comme les triangles ABC, ADC, qu'on appelle *triangles rectangles* ; mais rien n'empêche qu'on ne les réduise tous à des triangles de cette espèce.

Car que du point A (fig. 13), sommet d'un triangle quelconque ABC, on abaisse la perpendiculaire AD sur la base BC, le triangle ABC se trouvera partagé en deux triangles rectangles ABD, ADC.

Un triangle est la moitié du rectangle qui a même base et même hauteur.

Donc sa mesure est la moitié du produit de sa hauteur par sa base.

Reprenant donc ce qui vient d'être dit, il est évident que comme les deux triangles ABD, ADC seront les moitiés des rectangles AEBD, ADCF, le triangle proposé ABC sera de même la moitié du rectangle EBCF, qui aura BC pour base et AD pour hauteur : mais puisque la surface du rectangle EBCF égalera le produit de la hauteur EB ou AD par la base BC, le triangle ABC aura pour mesure la moitié du produit de la base BC par la perpendiculaire AD, hauteur du triangle.

On a donc la manière de mesurer tous les terrains terminés par des lignes droites, puisqu'il ne s'en trouve aucun qu'on ne puisse réduire à des triangles, et que des sommets de ces triangles on sait abaisser des perpendiculaires sur leurs bases.

15. De ce que dans la méthode que nous venons de donner pour mesurer l'aire ou la superficie des triangles, on n'emploie que leur base et leur hauteur, sans égard à la longueur de leurs côtés, on tire cette proposition, ou ce théorème, que tous les triangles, tels que ECB, ACB (fig. 14), qui ont une base commune CB et dont les hauteurs EF, AD sont égales, ont la même superficie.

Les triangles qui ont même hauteur et même base, ont des superficies égales.

16. Pour faciliter l'intelligence du principe qui donne la mesure des triangles, nous avons cru ne devoir choisir pour base qu'un côté sur lequel pourrait tomber la perpendiculaire abaissée du sommet opposé, ce qu'on a toujours la liberté de faire quand il ne s'agit que de la mesure des terrains. Mais parce que dans la comparaison des triangles qui ont même base, les perpendiculaires abaissées de leurs sommets peuvent tomber hors du triangle, comme dans la figure 15, il semble qu'il soit nécessaire de voir si les triangles, tels que BCG sont dans le cas des autres, c'est-à-dire s'ils sont toujours moitié des rectangles ECBF, qui ont la perpendiculaire GH pour hauteur.

Mais c'est de quoi il est aisé de s'assurer, en remarquant que le triangle CGH, somme des deux triangles CGB, GBH, est la moitié du rectangle ECHG, somme des deux rectangles ECBF, FBHG ; et qu'ainsi les deux triangles CGB, GBH, pris ensemble, valent la moitié du rectangle ECHG : or le triangle GBH est la moitié du rectangle FBHG ;

donc le triangle proposé BCG est la moitié de l'autre rectangle ECBF, qui a BC pour base et GH pour hauteur.

Les triangles de même base, et qui sont renfermés entre les mêmes parallèles, sont égaux en superficie.

17. La proposition démontrée dans les trois articles précédents, peut encore s'énoncer généralement en ces termes : les triangles EBC, ABC, GBC (fig. 16) sont égaux, lorsqu'ils ont une base commune BC, et qu'ils sont entre les mêmes parallèles EAG, CBH ; c'est-à-dire lorsque leurs sommets E, A, G se trouvent dans une même ligne droite EAG parallèle à la droite CB. Car alors (nº **11**) leurs hauteurs, mesurées par les perpendiculaires EF, AD, GH, sont les mêmes.

Les parallélogrammes sont des figures de quatre côtés, dont les deux opposés sont parallèles.

18. Entre les différentes figures rectilignes qu'on sait mesurer par la méthode précédente, il y en a qui approchent de la régularité des rectangles, ce sont des espaces tels que ABCD (fig. 17), terminés par quatre côtés, dont chacun est parallèle au côté qui lui est opposé. Ces figures sont appelées *parallélogrammes*; elles sont plus aisées à mesurer que les autres figures rectilignes, les rectangles exceptés. Car qu'on partage le parallélogramme ABCD en deux triangles ABC, ACD, ces deux triangles seront visiblement égaux : or, comme chacun de ces triangles vaudrait la moitié du produit de la hauteur AF par la base BC, le parallélogramme aura pour mesure le produit entier de la base BC par la hauteur AF. (PROB. XI.)

On les mesure en multipliant leur hauteur par leur base.

19. De là il suit que tous les parallélogrammes

ABCD, EBCF (fig. 18 ou 19), qui auront une base commune et qui se trouveront entre les mêmes parallèles, seront égaux ; ce qu'il est aisé de voir, même indépendamment de ce qui précède, en remarquant que le parallélogramme ABCD deviendra le parallélogramme EBCF, si on lui ajoute le triangle DCF, et que, de la figure entière ABCF, on retranche le triangle ABE ; qu'ainsi les deux triangles DCF, ABE, étant supposés égaux, il sera évident que le parallélogramme ABCD n'aura point changé d'étendue en devenant EBCF. Or, pour s'assurer de l'égalité de ces deux triangles, il suffira d'observer que AB et CD étant parallèles, aussi bien que BE et CF, le triangle ABE ne sera autre chose que le triangle DCF qui aura glissé sur sa base, de manière que le point A sera arrivé en D, et E en F.

Les parallélogrammes qui ont une base commune, et qui sont entre les mêmes parallèles, sont égaux en superficie.

20. Il y a encore d'autres figures rectilignes qu'il est aisé de mesurer, et qu'on nomme *polygones réguliers*, figures que terminent des côtés égaux, qui ont tous la même inclinaison les uns sur les autres. Telles sont les figures ABDEF, ABDEFG, ABDEFGH (fig. 20, 21 et 22).

Les polygones réguliers sont des figures que terminent des côtés égaux et également inclinés les uns sur les autres

Comme on a coutume de donner la forme symétrique de ces figures aux bassins, aux fontaines, aux places publiques, etc., je crois qu'avant que d'apprendre à les mesurer, il faut voir de quelle manière on les trace.

21. Qu'on décrive une circonférence de cercle ;

Manière de décrire un polygone d'un nombre déterminé de côtés.

qu'on la partage en autant de parties égales qu'on voudra donner de côtés au polygone ; qu'ensuite on mène les lignes AB, BD, DE, etc., par les points A, B, D, E, etc., qui partageront la circonférence, on aura le polygone cherché, qu'on nommera, ou *pentagone*, ou *hexagone*, ou *heptagone*, ou *octogone*, ou *ennéagone*, ou *décagone*, etc., suivant qu'il aura, ou cinq, ou six, ou sept, ou huit, ou neuf, ou dix, etc., côtés.

Le pentagone a cinq côtés, l'hexagone 6, l'heptagone 7, l'octogone 8, etc.

Mesure de la surface d'un polygone régulier.

22. Pour avoir la mesure d'un polygone régulier, on pourrait employer la méthode qu'on a déjà donnée (**13**) pour toutes les figures rectilignes ; mais on s'aperçoit aisément que le plus court est de partager le polygone en triangles égaux, qui aient tous le centre C (fig. 22) pour sommet. Car prenant un de ces triangles, CBD par exemple, et tirant sur la base BD la perpendiculaire CK, qui pour lors sera nommée l'*apothème* du polygone ; comme l'aire du triangle vaudra le produit de la base BD par la moitié de CK, ce produit, pris autant de fois que le polygone aura de côtés, donnera l'aire de la figure entière.

L'apothème est la perpendiculaire abaissée du centre de la figure sur un de ses côtés.

23. Qu'on ne partageât la circonférence du cercle qu'en trois parties égales, on formerait un triangle nommé communément *triangle équilatéral*; qu'on partageât cette circonférence en quatre parties égales, on formerait un carré ; mais ces deux figures, les plus simples de tous les polygones, peuvent aisément se tracer, sans qu'il soit néces-

Le triangle équilatéral a ses trois côtés égaux.

saire d'avoir recours à la division du cercle ; c'est ce qu'on déjà vu (9) pour le carré. A l'égard du triangle équilatéral, il est aisé de s'apercevoir que pour le décrire sur une base donnée AB (fig. 23), il faut que des points A et B comme centres, et d'une ouverture de compas égale à AB, on trace les arcs DCF et GCH, qu'ensuite des points A et B on mène les lignes AC, BC au point C, section commune des deux arcs DCF, GCH et sommet du triangle.

Manière de le décrire.

24. A la méthode de décrire géométriquement le triangle équilatéral et le carré, les premiers de tous les polygones, je pourrais joindre celle de tracer géométriquement un pentagone, comme plusieurs auteurs l'ont fait dans les Éléments qu'ils nous ont donnés ; mais parce que les commençants, pour qui seuls nous travaillons ici, n'apercevraient qu'avec peine la route qu'a dû suivre l'esprit en cherchant la manière de tracer cette figure, route que l'Algèbre nous met à portée de découvrir, nous nous croyons obligés de renvoyer la description du pentagone au Traité qui suivra celui-ci, et dans lequel on joindra cette description à celle de tous les autres polygones qui auront un plus grand nombre de côtés, et qui, sans le secours de l'Algèbre, ne pourraient être décrits géométriquement.

Des polygones qui ont plus de cinq côtés, et que je dis ne pouvoir être décrits que par le moyen du calcul algébrique, il en faut excepter ceux de 6, de

12, de 24, de 48, etc. côtés, et ceux de 8, de 16, de 32, de 64, etc. côtés, qu'on peut aisément décrire par les méthodes que fournit la Géométrie élémentaire, comme on le verra à la fin de cette première partie.

25. Je reviens à la mesure des terrains, et je vois que ceux qu'on veut mesurer sont souvent tels qu'ils se refusent aux opérations que prescrivent les méthodes précédentes.

Je suppose que ABCDE (fig. 24) soit la figure d'un champ, d'un enclos, etc., dont on voudra avoir la mesure. Suivant ce qu'on a vu, il faudrait partager ABCDE en triangles tels que ABC, ACD, ADE; ensuite mesurer ces triangles, après avoir abaissé les perpendiculaires EF, CH, BG : mais que dans l'espace ABCDE il se trouve quelque obstacle, une élévation par exemple, un bois, un étang, etc. qui empêche qu'on ne mène les lignes dont on aura besoin, que faudra-t-il faire alors? Quelle méthode faudra-t-il suivre pour remédier à l'inconvénient du terrain ? Celle qui se présente d'abord à l'esprit, c'est de choisir quelque terrain plat sur lequel on puisse aisément opérer, et de décrire sur ce terrain des triangles égaux et semblables aux triangles ABC, ACD, etc. Voyons comment on s'y prendra pour former les nouveaux triangles.

26. Commençons par supposer que l'obstacle se trouve dans l'intérieur du triangle ABC (fig. 25), dont les côtés seront connus, et qu'on veuille tra-

Connaissant les trois côtés d'un triangle, faire un autre triangle qui lui soit égal.

cer un triangle égal et semblable sur le terrain choisi ; d'abord on décrira une ligne DE (fig. 25 et 26) égale au côté AB, ensuite prenant une corde de la longueur BC, et fixant une de ses extrémités en E, on décrira l'arc IFG, qui aura la corde pour rayon ; et par le moyen d'une autre corde, prise égale à AC, et dont on attachera pareillement un des bouts en D, on tracera l'arc KFH, qui coupera le premier au point F ; alors menant les lignes DF et FE, on aura un triangle DEF, égal et semblable au triangle proposé ABC; ce qui est évident : car les côtés DF et EF, qui s'uniront au point F, étant respectivement égaux aux côtés AC et BC, unis au point C, et la base DE ayant été prise égale à AB, il ne serait pas possible que la position des lignes DF et EF sur DE, fût différente de la position des lignes AC et BC sur AB. Il est vrai qu'on pourrait prendre les lignes D*f*, et E*f* au-dessous de DE; mais le triangle se trouverait encore le même, il serait simplement renversé.

27. Si on ne pouvait mesurer que deux des trois côtés du triangle ABC (fig. 27), les deux côtés AB, BC par exemple ; il est clair qu'avec cela seul on ne pourrait pas déterminer un second triangle égal et semblable à ABC. Car quoiqu'on eût pris DE égal à BC (fig. 27 et 28), et DF égal à BA, on ne saurait quelle position donner à celle-ci relativement à l'autre. Pour lever cette difficulté, la ressource qui se présente est simple : on fait pencher DF sur DE,

Un angle est l'inclinaison d'une ligne sur une autre.

de la même manière que AB penche sur BC ; ou, pour s'exprimer comme les géomètres, on donne à l'angle FDE la même ouverture qu'à l'angle ABC.

Manière de faire un angle égal à un autre.

28. Pour faire cette opération, on prend un instrument tel que *abc*, composé de deux règles qui puissent tourner autour de *b*, et l'on pose ces règles sur les côtés AB et BC. Par là elles font entre elles le même angle que les côtés AB et BC. Plaçant donc la règle *bc* sur la base DE, de manière que le centre *b* réponde au point D, et que l'ouverture de l'instrument reste toujours la même, la règle *ab* donnera la position de la ligne DF, qui fera, avec la ligne DE, l'angle FDE égal à l'angle ABC. Or la ligne DF aura été prise de même longueur que BA. Donc il ne s'agira plus que de mener par F et par E la droite FE, pour avoir le triangle FED entièrement égal et semblable au triangle ABC. Pratique simple, qui suppose ce principe évident, qu'un triangle est déterminé par la longueur de deux de ses côtés et par leur ouverture ; ou, ce qui revient au même, qu'un triangle est égal à un autre, lorsque deux de leurs côtés sont respectivement égaux, et que l'angle compris entre ces côtés est également ouvert.

Deux côtés et l'angle compris, étant donnés, le triangle est déterminé.

29. On pourrait encore faire l'angle FDE égal à l'angle ABC (fig. 29 et 30), de la manière suivante :

Seconde manière de faire un angle éga à un autre.

Du centre B, et d'un intervalle quelconque B*a*, décrivez un arc *ahc*; ensuite du centre D, et du même intervalle, tracez l'arc *eif*; alors vous n'aurez plus qu'à chercher un point *f*, qui soit placé sur l'arc *eif*, de la même manière que *a* se trouvera placé sur l'arc *cha*. Or vous trouverez facilement ce point *f*, en vous servant de la droite *ac* qui, suivant la définition ordinaire, se nommera la *corde* de l'arc *ahc*.

La corde d'un arc de cercle est la droite que terminent les deux extrémités de l'arc.

Car si, du centre *e* et d'un intervalle égal à *ac*, vous décrivez l'arc *lfk*, l'intersection des deux arcs *eif*, *lfk* vous donnera le point cherché *f*.

Tirez ensuite par D et par *f* la ligne D*f*F, vous aurez l'angle FDE égal à l'angle ABC. Ce qui est évident (**26**) puisque les triangles B*ac*, D*fe* seront entièrement égaux et semblables dans toutes leurs parties.

30. Lorsqu'on veut faire le triangle FDE égal au triangle ABC (fig. 27 et 28), s'il arrive qu'on ne puisse mesurer qu'un des côtés, BC par exemple, on a recours aux angles ABC et ACB. Ayant fait DE égal à BC, on place les lignes FD et FE de manière qu'elles fassent avec DE les mêmes angles que AB et AC font avec BC : alors par la rencontre de ces lignes, on a le triangle FDE égal et semblable au triangle ABC. Le principe que suppose cette opération est de lui-même si simple, qu'il n'a pas besoin d'être démontré.

Deux angles et un côté déterminent le triangle.

31. Si des trois côtés du triangle ABC (fig. **31**), on ne pouvait mesurer que la base BC, et qu'on sût d'ailleurs que ce triangle fût *isocèle*, c'est-à-

Le triangle isocèle a deux côtés égaux.

dire que les deux côtés AB et AC fussent égaux : il est évident qu'il suffirait de mesurer un des deux angles ABC, ACB ; car alors l'autre lui serait égal.

On en voit aisément la raison, si on se représente ce qui arriverait, en supposant que les deux côtés AB, AC du triangle ABC fussent d'abord couchés sur BD et sur CE, prolongements de la base BC, et qu'ensuite on les relevât pour réunir leurs extrémités au point A ; car alors l'égalité de ces deux côtés les empêcherait de faire plus de chemin l'un que l'autre. Donc étant joints, ils pencheraient également sur la base BC. Donc l'angle ABC serait égal à l'angle ACB.

Les angles que ces côtés font avec la base, sont égaux entre eux.

32. Pour revenir à la mesure des terrains, on verra que quels que soient les obstacles qu'on pourra rencontrer dans leur intérieur, il sera aisé par la méthode précédente de transporter sur un terrain libre tous les triangles qui partageront l'espace qu'on voudra mesurer.

Supposons par exemple que vous voulussiez mesurer un bois, dont la figure fût ABCDEFG (fig. 32).

D'abord vous prendriez un triangle égal à ABC, ce que vous pourriez faire sans entrer dans l'intérieur de ce triangle, en mesurant les deux côtés AB, BC et l'angle compris CBA.

Ce triangle décrit donnerait l'angle BCA et la longueur de AC, et comme vous pourriez mesurer le côté extérieur DC, vous auriez dans le triangle

CAD les côtés DC et CA. Quant à l'angle DCA, vous le trouveriez en prenant d'abord l'angle IKL (fig. 32 et 33) égal à l'angle DCB, ensuite l'angle LKO égal à l'angle BCA, ce qui vous donnerait l'angle restant IKO égal à l'angle cherché DCA.

Le triangle ADC, ainsi déterminé par les deux côtés DC et CA et par l'angle compris DCA, vous connaîtriez de même le triangle DAG, et le reste de la figure.

33. La méthode qu'on vient de donner pour mesurer les terrains dans lesquels on ne saurait tirer des lignes, fait souvent naître de grandes difficultés dans la pratique. On trouve rarement un espace uni et libre, assez grand pour faire des triangles égaux à ceux du terrain dont on cherche la mesure. Et même quand on en trouverait, la grande longueur des côtés des triangles pourrait rendre les opérations très-difficiles : abaisser une perpendiculaire sur une ligne d'un point qui en est éloigné seulement de 1000 mètres, ce serait un ouvrage extrêmement pénible et peut-être impraticable. Il importe donc d'avoir un moyen qui supplée à ces grandes opérations.

Ce moyen s'offre comme de lui-même. Il vient bientôt dans l'esprit de représenter la figure à mesurer ABCDE par une figure semblable *abcde* (fig. 34 et 35), mais plus petite, dans laquelle par exemple le côté *ab* soit de 100 centimètres, si le côté AB est de 100 mètres ; le côté *bc* de 45 centimètres, si BC est de 45 mètres ; et de conclure ensuite que si l'étendue de la figure réduite *abcde* est de 60 000 centimètres carrés, celle de la figure ABCDE doit être de 60 000 mètres carrés.

Mais, avant toutes choses, il faut savoir en quoi consiste la ressemblance de deux figures.

En quoi consiste la ressemblance de deux figures.

34. Or, pour peu qu'on y réfléchisse, on reconnaîtra bientôt que les deux figures ABCDE, *abcde* pour être semblables, doivent être telles que les angles A, B, C, D, E de la grande soient égaux aux angles *a*, *b*, *c*, *d*, *e* de la petite, et que de plus les côtés *ab*, *bc*, *cd*, etc. de la petite contiennent autant de parties *p*, que les côtés AB, BC, CD, etc. de la grande contiennent de parties P.

35. Pour exprimer cette seconde condition, les géomètres disent qu'il faut que les côtés AB, BC, CD, etc. soient proportionnels aux côtés *ab*, *bc*, *cd*, etc.; ou que le côté AB contienne *ab*, de la même manière que BC contient *bc*, etc.; ou que le côté AB soit aussi grand par rapport à *ab*, que BC l'est par rapport à *bc*, etc.; ou encore, qu'il y ait même raison ou même rapport entre AB et *ab*, qu'entre BC et *bc*, etc.; ou enfin que AB soit à *ab*, comme BC à *bc*, etc. Toutes façons d'exprimer la même chose, mais qu'il faut se rendre familières, pour entendre le langage des géomètres.

Manière de faire une figure semblable à une autre.

36. Après avoir vu en quoi consiste la ressemblance de deux figures, cherchons quelle est la voie qui se présente le plus naturellement pour tracer une figure semblable à une autre. Pour cela représentons-nous un dessinateur qui veut copier une figure en la réduisant.

D'abord prenant *ab*, pour représenter la base AB de la figure à copier ABCDE, il incline sur *ab* les côtés *ae* et *bc*, de la même façon que AE et BC sont inclinés sur AB, en observant que les longueurs de *ae* et de *bc* soient à celle de *ab*, comme les longueurs de AE et de BC sont à celle de AB ; c'est-à-dire que si AE par exemple, est la moitié de AB, il fait *ae* égal à la moitié de *ab*, et qu'il en use de même pour déterminer la longueur de *bc* relativement à BC.

Ayant ainsi déterminé les points *e* et *c*, il trace deux lignes *ed* et *cd*, qu'il incline sur *ea* et sur *cb*, de la même manière que ED et CD sont inclinés sur EA et sur CB, et prolongeant ces lignes jusqu'à ce qu'elles se rencontrent en *d*, il achève sa figure *abcde*.

37. Qu'on réfléchisse présentement sur cette construction, on verra qu'elle n'est appuyée que sur l'égalité qui est entre les angles E, A, B, C, et *e*, *a*, *b*, *c*, et sur la proportionnalité des côtés EA, AB, BC, et des côtés *ea*, *ab*, *bc* ; qu'ainsi la figure se trouve finie, sans qu'on ait pris l'angle *d*, égal à l'angle D, ni les côtés *ed*, *cd*, proportionnels aux côtés ED, CD ; réflexion qui d'abord pourrait faire craindre que l'angle *d* ne fût pas effectivement égal

à l'angle D, ni les côtés *ed*, *cd* proportionnels aux côtés ED, CD, et que par conséquent la figure *abcde* ne se trouvât pas entièrement semblable à la figure ABCDE ; mais n'eût-on que l'expérience pour se rassurer, ce doute se dissiperait bientôt; outre que pour peu d'attention qu'on y fasse, on sent que de l'égalité respective des quatre angles E, A, B, C, et *e*, *a*, *b*, *c*, et de la proportionnalité des trois côtés EA, AB, BC, et *ea*, *ab*, *bc*, résulte nécessairement l'égalité des angles D, *d*, et la proportionnalité des côtés ED, CD, et *ed*, *cd*.

Cependant, pour écarter tout soupçon, faisons voir que toutes les conditions que demande la ressemblance de deux figures sont nécessairement dépendantes les unes des autres ; ce qu'il nous sera aisé de faire en examinant d'abord les triangles, qui sont les figures les plus simples, et qui entrent nécessairement dans la composition de toutes les autres ; examen qui nous conduira à toutes les propriétés et à tous les usages des figures semblables.

Si deux angles d'un triangle sont égaux à deux angles d'un autre triangle, le 3e angle de l'un égalera le 3e angle de l'autre.

58. Supposons que sur la base *ab* (fig. 36 et 37) on trace le triangle *abc*, en ne prenant que les angles *cab*, *cba*, égaux aux angles CAB, CBA du triangle ABC, on s'assurera premièrement que le troisième angle *acb* égalera le troisième angle ACB.

Car soit posé le triangle *abc* sur le triangle ABC, de manière que le point *a* se trouve sur le point A, *ab* sur AB, *ac* sur AC, il est clair que *cb* sera parallèle à CB, et cela parce que le côté *cb*, prolongé, ne pourrait rencontrer le côté CB, que les deux lignes ne penchassent inégalement sur AB, et que par conséquent les angles *cb*A et CBA fussent inégaux ; ce qui serait contre la supposition.

Comme de l'égalité des angles *cba* et CBA, il suivra que les lignes *cb*, CB seront parallèles, du parallélisme de ces lignes il suivra aussi que les angles A*cb*, ACB seront égaux ; ce qu'il s'agissait de prouver.

39. Maintenant faisons voir que les côtés qui se répondent dans deux triangles *acb* et ACB qui ont les mêmes angles, sont proportionnels.

Deux triangles, dont les angles sont respectivement égaux, ont leurs côtés proportionnels.

Pour fixer nos idées, supposons d'abord que *ab* soit la moitié de AB, il faudra que nous prouvions que *ac* sera aussi la moitié de AC, et *bc* la moitié de BC. Que *acb*, ainsi que dans l'article précédent, ait encore la position A*cb*, si on mène *cg* parallèle à AB, il est clair que cette ligne égalera *b*B ou A*b*, et que *g*B égalera de même *cb*. Or, comme les angles *cg*C et C*cg* seront manifestement égaux aux angles *cb*A et *c*A*b*, le triangle C*cg* égalera le triangle *c*A*b* (30). Donc on aura C*c* égal à A*c*, et C*g* égal à *cb* ou à *g*B. Donc A*c* ou *ac* sera moitié de AC, et *cb* moitié de CB.

Si *ab* était contenu trois (fig. 36 et 38), quatre, ou tel autre nombre de fois qu'on voudrait, dans AB, il serait également aisé de démontrer que *ac* serait contenu le même nombre de fois dans AC, et *cb* dans CB. Car, des points de division *b*, *f* de la base AB, menant *bc*, *fh*, etc. parallèles à BC, on pourrait placer le long de AC, trois, quatre, etc., triangles A*cb*, *chg*, *h*C*i*, etc. égaux aux triangles *acb*, A*cb*.

Mais que *ab* (fig. 36 et 39), au lieu d'être contenu exactement un certain nombre de fois dans AB, n'y fût contenu qu'avec quelque fraction, deux fois et demie par exemple, on prouverait que *ac* serait aussi contenu deux fois et demie dans AC, et *bc* deux fois et demie dans BC.

Car, quand par le moyen des parallèles *bc*, *fh* on aurait placé le long de AC les deux triangles A*cb*, *chg*, égaux à *acb*, il resterait entre les deux parallèles *hf* et CB, de quoi placer un triangle C*hi*, dont les côtés seraient moitié des côtés de *c*A*b*; ce qui est évident, puisque par la supposition *f*B serait la moitié de A*b*, et que la base *hi* du triangle C*hi* égalerait *f*B, à cause des parallèles *hf*, CB. Donc, en général, lorsque deux triangles ABC, *abc* ont les mêmes angles, ces triangles, nommés *triangles semblables*, ont leurs côtés proportionnels ; ou, ce qui revient absolument au même, les côtés AB, BC, AC de l'un de ces triangles ABC, contiennent le même nombre de parties P, que les côtés *ab*, *bc*, *ac* de l'autre triangle *abc*, contiennent de parties *p*, P étant le décimètre, le mètre, etc., ou, en général, l'échelle avec laquelle ABC a été construit, et *p* celle dont on s'est servi en construisant *abc*.

40. De la proposition que nous venons de démontrer, se tire naturellement la solution d'un problème souvent utile dans la pratique.

Diviser une ligne en tant de parties égales qu'on voudra.

On demande qu'une ligne soit divisée en un nombre donné de parties égales ; ce qui se pourrait faire à la vérité en tâtonnant, mais jamais avec cette sûreté que donne l'exactitude géométrique.

Supposons par exemple qu'on ait à diviser AB (fig. 38) en trois parties égales, on commence par tirer une ligne indéfinie AC qui fasse un angle quelconque avec AB, ensuite on porte sur cette ligne trois parties égales A*c*, *ch*, *h*C, d'une ouverture de compas prise à volonté, puis on tire CB, et l'on mène à cette droite les parallèles *cb*, *hf*; par là, AB, coupée aux points *b* et *f*, se trouve partagée en trois parties égales ; ce qui est clair par l'article précédent.

Ce que c'est qu'une ligne quatrième proportionnelle à trois autres, et comment on la trouve.

41. Si on voulait diviser une ligne en un nombre fractionnaire de parties, comme deux et demie, trois et un quart, etc., ou bien qu'on proposât en général de diviser la ligne AB au point *b*, en sorte que AB fût à A*b*, comme la ligne NO à la ligne MQ ; on voit encore que la solution du problème dépendrait du nº **39**, c'est-à-dire qu'il faudrait tirer par A une droite quelconque, prendre sur cette droite A*c* et AC respectivement égales à MQ et à NO, et ensuite mener *cb* parallèle à CB ; alors le point *b* serait le point cherché.

Les géomètres énoncent de cette autre manière

le problème que nous venons de résoudre : Trouver à trois lignes NO, MQ, AB, une quatrième proportionnelle.

Les hauteurs des triangles semblables, sont proportionnelles à leurs côtés.

42. Il est évident que deux triangles semblables ABC, *abc* (fig. 40 et 41) auront, non-seulement leurs côtés proportionnels, mais que les perpendiculaires CF, *cf* qu'on abaissera des sommets C, *c* sur les bases AB, *ab*, suivront encore la proportion des côtés : ce qui est si aisé à démontrer par ce qui précède, que nous négligerons de nous y arrêter.

43. Quant à l'aire des triangles semblables ABC, *abc*, on voit que celle du premier contiendra autant de carrés X faits sur la mesure P, que l'aire du second contiendra de carrés *x* faits sur la mesure *p*. Car comme CF et AB auront, par l'article précédent, autant de parties P, que *cf* et *ab* auront de parties *p* ; la moitié du produit de CF par AB, mesure de ABC (**14**), donnera le même nombre que celui qui résultera de la moitié du produit de *cf* par *ab*, mesure de *abc*, mais avec cette différence que CF et AB, se comptant en parties P, leur produit se comptera en carrés X, et que *cf* et *ab*, qui se compteront en parties *p*, donneront un produit qui se comptera en carrés *x*.

44. Ce que nous venons de dire sur la mesure des triangles semblables, sert de preuve à une proposition qui, dans les Éléments de Géométrie, s'énonce ordinairement ainsi : Les triangles semblables ABC, *abc*, sont entre eux comme les carrés ABDE, *abde* de leurs côtés homologues ou correspondants AB, *ab*.

Les aires des triangles semblables, sont proportionnelles aux carrés des côtés homologues.

La démonstration que renferme l'article précédent mène absolument à cette conséquence; car le carré ABDE, contenant autant de X que *abde* contient de x, il est évident que les deux nombres de carrés X, qui expriment le rapport du triangle ABC au carré ABDE, sont les mêmes que les nombres de carrés x, qui donnent le rapport du triangle *abc* au carré *abde*; ou, ce qui revient au même, que le triangle ABC est au carré ABDE, comme le triangle *abc* au carré *abde*.

De là il suit que si, par exemple, le côté AB était double du côté *ab*, le triangle ABC serait quadruple du triangle *acb*; que si AB était triple de *ab*, le triangle ACB serait neuf fois plus grand que le triangle *acb*, etc.; car AB ne peut être double de *ab*, que le carré ABDE ne soit quadruple du carré *abde*, etc.

45. Pour passer présentement des triangles aux autres figures, supposons qu'à chacun des triangles semblables ABD, *abd* (fig. 34 et 35), on joigne deux autres triangles ADE et BDC, *ade* et *bdc*, les deux premiers semblables aux deux autres, on verra que dans les figures totales ABCDE, *abcde*,

Propriétés des figures semblables, tirées de celles des triangles.

1° Les angles A, B, C, D, E seront les mêmes

que les angles *a*, *b*, *c*, *d*, *e*; ce qui est clair, puisque les uns et les autres seront, ou des angles correspondants de triangles semblables, ou des angles composés de ces angles correspondants.

2° On verra que le rapport des côtés homologues ou correspondants DE, *de*, BC, *bc*, etc. des figures ABCDE, *abcde*, sera nécessairement le même; c'est-à-dire que, si P par exemple se trouve un certain nombre de fois dans la base AB, et que *p* se trouve le même nombre de fois dans *ab*, P et *p* seront aussi contenus un même nombre de fois dans deux côtés homologues quelconques DE et *de;* car à cause de la ressemblance des triangles ABD, *abd*, la quantité de P que renfermera AD, égalera la quantité de *p* renfermée dans *ad*; alors regardant ces côtés comme les bases des triangles semblables ADE, *ade*, le nombre de parties P contenues dans DE, sera le même que le nombre de parties *p* que contiendra le côté *de*.

3° On verra encore que si dans les deux figures on tirait des lignes qui se répondissent, telles que CE, *ce*, ou les perpendiculaires DF, *df*, etc.; ces lignes seraient toujours entre elles dans la même raison que les côtés homologues des deux figures.

Donc les figures ABCDE, *abcde* seront entièrement semblables dans toutes leurs parties.

46. La figure *abcde* ainsi décrite, parfaitement semblable à la figure ABCDE, il est évident que si on voulait tracer de nouveau une figure entière-

ment égale à *abcde*, et par conséquent encore semblable à ABCDE, il serait inutile de mesurer tous les côtés et tous les angles de *abcde*; qu'il suffirait par exemple de prendre les trois côtés *ab*, *ca*, *bc* et les quatre angles *e*, *a*, *b*, *c*, et qu'avec cela seul on serait sûr de retracer la même figure *abcde* semblable à ABCDE; ce qui forme une démonstration complète de ce qu'on n'avait fait que présumer (37). Mais on peut aller plus loin; car il est clair qu'on aura toujours différentes façons de combiner la quantité d'angles et de lignes qu'on doit nécessairement mesurer dans une figure quelconque, pour en faire une autre qui lui soit proportionnelle. Ce serait fatiguer le lecteur que d'entrer dans un plus grand détail.

Les aires des figures semblables, sont entre elles comme les carrés des côtés homologues.

47. On démontrerait, par des raisonnements semblables à ceux de l'article 43, que le nombre de carrés X que contient la figure ABCDE, est le même que celui des carrés *x* renfermés dans la figure *abcde*; et qu'ainsi les aires des figures semblables sont entre elles comme les carrés de leurs côtés homologues.

Les figures semblables ne sont différenciées que par les échelles sur lesquelles elles sont faites.

48. Tout ce qui vient d'être dit sur les figures semblables, peut se réduire à ce seul et unique principe, que les figures semblables ne sont différenciées que par les échelles sur lesquelles elles sont construites.

49. Maintenant pour mieux sentir l'usage qu'on

doit faire des triangles semblables et des réductions, pour avoir la mesure des terrains sur lesquels on ne pourrait pas commodément opérer, figurons-nous que ABCDEF (fig. 42 et 43), représente le contour d'un parc, d'un étang, etc. dont on voudra déterminer l'étendue. D'abord on mesurera un des côtés de la figure, FE par exemple, et l'on verra combien ce côté aura de mètres; ensuite prenant telle échelle qu'on voudra, on tracera sur un papier, ou sur un carton, une ligne *fe* égale à autant de parties de l'échelle, que FE contiendra de mètres; puis faisant les angles *def*, *dfe* égaux aux angles DEF, DFE, on aura le triangle *edf*, dans lequel on abaissera *eg* perpendiculaire sur *df*; cela fait, et les lignes *df* et *eg* mesurées par le moyen de l'échelle, on conclura qu'autant que ces lignes contiendront de parties réduites, autant DF et EG contiendront de mètres. Ainsi en multipliant DF par la moitié de EG, on aura la valeur du triangle EDF, et mesurant de la même manière chacun des autres triangles DCF, BCF, ABF, l'aire de la figure entière se trouvera déterminée.

Manière de mesurer la distance d'un lieu inaccessible.

50. Il arrive souvent que, dans la pratique, il faut mesurer la distance du lieu F où l'on est placé, à un autre lieu où quelque obstacle empêche qu'on ne se transporte; nouveau problème, mais dont la solution est déjà donnée d'avance dans l'article qui précède celui-ci; car puisque pour

mesurer DF, on n'a eu besoin que de la similitude des triangles *def* et DEF, il est clair que si on mesure une base quelconque EF, et que des points F et E on puisse apercevoir le point D, le problème sera résolu, c'est-à-dire qu'on aura la distance FD.

31. L'usage qu'on peut faire des instruments particuliers, tels que *b*A*c* (fig. 44), que j'ai dit (**28**) composé de deux branches unies au point A, autour duquel elles ont la liberté de tourner, expose souvent à bien des mécomptes. Tantôt l'ouverture de l'angle s'altérera dans le transport; tantôt la forme qu'on est obligé de donner à l'instrument pour en faciliter l'usage, empêchera qu'on ne puisse l'appliquer sur le plan où devra se faire la réduction.

Ajoutons à cela que chaque nouvel angle BAC qu'on prend de cette façon, demande qu'on transporte de nouveau l'instrument sur le papier, et que la seule ressource qu'on ait pour comparer deux angles, c'est de les poser l'un sur l'autre, sans que par ce moyen on puisse avoir au juste ni leur rapport ni leur grandeur absolue.

32. Il était donc nécessaire de chercher une mesure fixe pour les angles, comme on en avait déjà une pour les longueurs. Or, cette mesure qu'il fallait avoir, il a été facile de la trouver. Car que A*b* (fig. 45) restant fixe, on lui applique d'abord le côté A*c*, qu'ensuite on fasse tourner ce côté autour de A : il est clair que si l'on adapte à l'extrémité *c* de la branche mobile A*c*, ou une plume, ou un crayon, qui donne moyen de rendre sensible la trace du point *c*, cette trace qui formera un arc de cercle, donnera exactement la mesure de l'angle pour chaque ouverture particulière des côtés A*b*, A*c* ; c'est-à-dire qu'à cause de l'uniformité de la courbure du cercle, il arrivera nécessairement qu'à une ouverture double, triple, quadruple de *c*A*b*, répondra un arc double, triple, quadruple de *cb*.

Un angle a pour mesure l'arc de cercle que ses côtés interceptent.

53. Supposant donc que la circonférence *bcdfg*, décrite par la révolution entière du point *c*, soit divisée en un nombre quelconque de parties égales, le nombre des parties contenues dans l'arc qu'intercepteront les lignes A*c* et A*b*, mesurera exactement l'ouverture de ces lignes, ou l'angle *c*A*b* qu'elles formeront.

Le cercle est partagé en 360 degrés ; chaque degré en 60 minutes, etc.

Les géomètres sont convenus de diviser le cercle en 360 parties qu'on appelle *degrés*, chaque degré en 60 *minutes*, chaque minute en 60 *secondes*, etc. Ainsi un angle *b*A*c* par exemple aura 70 degrés 20 minutes, si l'arc *bc*, qui lui servira de mesure, a 70 des 360 parties du cercle, et de plus 20 soixantièmes parties d'un degré.

L'angle droit a 90 degrés, et ses côtés sont perpendiculaires l'un à l'autre.

54. De là il suit qu'un angle CAB (fig. 46) de 90 degrés, nommé communément *angle droit*, est celui dont les côtés AC et AB interceptent le quart

BC de la circonférence, et sont perpendiculaires l'un à l'autre.

55. On appelle *angle aigu* tout angle plus petit qu'un angle droit, ou qui a moins de 90 degrés. Tels sont les angles CAB, FAG, EAG (fig. 47). Un angle aigu est plus petit qu'un droit.

56. Au contraire, on appelle *angle obtus*, celui qui a plus de 90 degrés, comme FAB. Un angle obtus est plus grand qu'un droit.

57. Il est évident que tous les angles, comme GAF, FAE, EAC, CAB, qu'on peut faire du même côté sur une ligne droite GB, et qui ont le même sommet A, sont égaux pris ensemble à 180 degrés, ou à deux angles droits, mesurés par la demi-circonférence. La somme des angles, faits du même côté sur une ligne droite et qui ont le même sommet, vaut 180 degrés.

58. De même la somme de tous les angles EAF, FAB, BAC, CAD, DAE (fig. 48), qu'on peut faire autour du point A, qui leur sert de sommet commun, est égale à 360 degrés, ou a quatre angles droits mesurés par la circonférence entière BCDEF. Tous les angles qu'on peut faire autour d'un même point, sont égaux, pris ensemble, à quatre droits.

59. Après avoir trouvé que les angles ont les parties du cercle pour mesure, voyons comment on s'y prend pour déterminer ce qu'un angle qu'on veut mesurer contient de degrés.

On se sert d'un instrument I (fig. 50) qu'on appelle *demi-cercle* : cet instrument est composé de deux règles EAC, DAB, d'égale longueur, qui se croisent en A, et qui sont chargées de pinnules à Usage de l'instrument appelé demi-cercle, pour prendre la grandeur d'un angle.

leurs extrémités. L'une de ces règles EC, qu'on nomme *alidade*, est mobile autour de A, et l'autre DB est fixe, et sert de diamètre à un demi-cercle DCB divisé en 180 degrés, etc.

Or veut-on connaître l'angle que forment deux lignes droites tirées du lieu où l'on est, à deux objets quelconques F, G, on place d'abord la règle fixe DAB, de manière que l'œil placé en D, aperçoive un des deux objets F, par les deux pinnules D et B : ensuite, sans remuer l'instrument, on tourne l'alidade jusqu'à ce que l'œil placé en E aperçoive l'autre objet G par les pinnules E et C; et alors l'alidade marque sur le demi-cercle gradué le nombre de degrés, minutes, etc. que contient l'angle proposé GAF.

Usage du rapporteur, pour faire un angle d'un nombre déterminé de degrés.

60. Si on veut faire sur le papier un angle d'un nombre déterminé de degrés, on se sert d'un instrument K (fig. 49), divisé en 180 degrés, qu'on appelle *rapporteur*, ou *transporteur*, et posant le centre A sur la pointe de l'angle qu'on veut tracer, et la ligne AB sur la ligne AG, qu'on prend pour un des côtés de l'angle, on marque le point C, qui répond au nombre de degrés qu'on veut donner à l'angle proposé ; puis par ce point et par le centre A tirant la ligne ACO, on a l'angle OAC, qui contient le nombre de degrés demandé.

61. Supposons maintenant qu'ayant pris une base FG (fig. 51 et 52) sur le papier, on veuille faire sur cette base un triangle FGH, semblable au triangle ABC pris sur un terrain. On se servira du demi-cercle pour savoir ce que chacun des angles CAB, CBA contiendra de degrés; ensuite, par le moyen du rapporteur, on fera les angles HFG et HGF respectivement égaux aux angles CAB et CBA; et parce qu'alors le point H, auquel les côtés FH et GH se réuniront, sera nécessairement déterminé par l'opération, aussi bien que l'angle FHG, on aura le triangle FGH entièrement semblable au triangle ABC.

62. Comme il importe dans la pratique, ainsi que nous l'avons déjà dit, que les angles soient exactement mesurés, il ne faut pas se contenter de les prendre, même avec les instruments les plus parfaits, il faut encore trouver le moyen de vérifier leurs mesures, pour en faire la correction s'il était nécessaire. Or ce moyen est simple et facile. Reprenons le triangle ABC. On sent que la grandeur de l'angle C doit résulter de celles des angles A et B; car qu'on augmentât ou qu'on diminuât ces angles, la position des lignes CA, BC changerait, et par conséquent l'angle C que ces lignes font entre elles. Or, si cet angle dépend de la grandeur des angles A et B, on doit présumer que ce que les angles A et B renferment de degrés, doit déterminer le nombre de degrés que doit renfermer l'angle C, et qu'ainsi il pourra servir de vérification aux opérations qu'on aura faites pour déterminer les angles A et B, puisqu'on sera sûr qu'on aura bien mesuré les angles A et B, si, en mesurant ensuite l'angle C, on lui trouve le nombre de degrés qui lui conviendra relativement à la grandeur des angles A et B.

Pour trouver comment, de la grandeur des angles A et B on peut conclure celle de l'angle C, examinons ce qui arriverait à cet angle, si les lignes AC, BC venaient, ou à s'approcher, ou à s'écarter l'une de l'autre. Supposons par exemple que BC (fig. 53), tournant autour du point B, s'écarte de AB pour s'approcher de BE; il est clair que pendant que BC tournerait, l'angle B s'ouvrirait continuellement, et qu'au contraire l'angle C se resserrait de plus en plus; ce qui d'abord pourrait faire présumer que, dans ce cas, la diminution de l'angle C égalerait l'augmentation de l'angle B, et qu'ainsi la somme des trois angles A, B, C serait toujours la même, quelle que fût l'inclinaison des lignes AC, BC sur la ligne AE.

Les angles alternes sont les angles renversés que forme de part et d'autre, une droite qui tombe sur deux parallèles.

65. Or cette induction présumée porte avec elle sa démonstration; car qu'on mène ID (fig. 54) parallèle à AC, on verra premièrement que les angles ACB et CBD, appelés *angles alternes*, seront égaux, ce qui est évident, puisque les lignes AC et IB étant parallèles, elles seront également inclinées sur CBO, et qu'ainsi l'angle IBO égalera l'angle ACB. Mais l'angle IBO égalera aussi l'angle CBD, parce que la ligne ID ne sera pas plus inclinée sur CO

d'un côté que de l'autre. Donc l'angle DBC, égal à l'angle IBO, égalera l'angle ACB son alterne. Ces angles sont égaux.

64. On verra, en second lieu, que l'angle CAE sera égal à l'angle DBE, à cause des parallèles CA et DB. Donc les trois angles du triangle pourraient être mis à côté les uns des autres, et unis par leurs sommets aux points B, et alors on verrait que les trois angles DBE, CBD et CBA, qui égaleraient les trois angles CAB, ACB, CBA, seraient égaux à deux angles droits (57); et comme tout ce que nous venons de dire pourra également s'appliquer à quelque triangle que ce soit, on sera assuré de cette propriété générale, que la somme des trois angles d'un triangle est constamment la même, et qu'elle est égale à deux droits, ou, ce qui revient au même, à 180 degrés. La somme des trois angles d'un triangle est égale à deux angles droits.

65. Donc pour conclure la valeur du troisième angle d'un triangle, lorsqu'on en aura mesuré deux, il faudra retrancher de 180 degrés le nombre de degrés que les deux angles feront ensemble : propriété qui donne une manière bien commode de vérifier la mesure des angles d'un triangle, et dont on verra une infinité d'autres utilités, à mesure qu'on avancera. Nous nous contenterons ici d'en tirer les conséquences les plus immédiates.

66. Un triangle ne peut avoir plus d'un angle

droit, à plus forte raison ne peut-il avoir plus d'un angle obtus.

67. Si l'un des trois angles d'un triangle est droit, la somme des deux autres angles est toujours égale à un droit.

Ces deux propositions sont si claires, qu'elles n'ont pas besoin d'être démontrées.

L'angle extérieur d'un triangle vaut les deux angles intérieurs opposés.

68. Si on prolonge un des côtés du triangle ABC, le côté AB par exemple, l'angle extérieur CBE vaudra seul les deux angles intérieurs opposés BCA, CAB ; car qu'à l'angle CBA on ajoute, ou les deux angles BCA et CAB, ou l'angle CBE, la somme sera toujours égale à 180 degrés, ou à deux angles droits (**64**).

69. Connaissant un des angles d'un triangle isocèle ABC (fig. 55), on connaît les deux autres.

Un angle d'un triangle isocèle donne les deux autres.

Qu'on ait l'angle au sommet A, il est clair que si on retranche le nombre de degrés que contiendra cet angle des 180 degrés, mesure des trois angles du triangle, la moitié de la somme qui restera sera la mesure de chacun des angles B, C pris sur la base.

Si c'était un des deux angles B, C pris sur la base qu'on connût, le double de sa valeur, retranché de 180 degrés, donnerait l'angle au sommet A.

70. Comme un triangle équilatéral n'est autre

chose qu'un triangle isocèle auquel chacun de ses côtés peut également servir de base, il est clair que ses trois angles sont nécessairement égaux, et qu'ils valent chacun 60 degrés, tiers de 180 degrés.

Les angles d'un triangle équilatéral sont chacun de 60 degrés.

71. De là se tire aisément la description de l'hexagone ou polygone de six côtés, que nous avions promise (**24**).

Description de l'hexagone.

Car pour trouver une ligne qui partage la circonférence en six parties égales, il faudra que cette ligne soit la corde d'un arc de 60 degrés, sixième partie de 360 degrés, valeur de la circonférence entière. Supposant donc que AB (fig. 56) soit cette corde, et du centre I menant aux extrémités A et B les rayons AI et IB, l'angle AIB vaudra 60 degrés, et parce que les deux côtés AI et IB seront égaux, le triangle AIB sera isocèle. Donc l'angle au sommet étant de 60 degrés, chacun des deux autres angles vaudra aussi 60 degrés, moitié de 120. Donc (**70**) le triangle AIB sera équilatéral. Donc AB égalera le rayon du cercle. D'où il suit que, pour décrire un hexagone, il faudra ouvrir le compas d'un intervalle égal au rayon, et le porter six fois de suite sur la circonférence, et l'on aura les six côtés de l'hexagone.

72. L'hexagone ABCDEF décrit, on décrira facilement le dodécagone ou polygone de douze côtés.

Le demi-angle au centre de l'hexagone donne l'angle au centre du dodécagone.

Pour cela on divisera l'arc AKB ou l'angle AIB en deux parties égales, et AK, corde de la moitié de l'arc AKB, sera un des côtés du dodécagone.

Partager un angle en deux également.

73. Or, pour partager l'arc AKB en deux arcs égaux AK et KB, on fera la même opération que s'il s'agissait de couper la corde AB en deux parties égales ; c'est-à-dire que, des points A et B comme centres et d'un intervalle quelconque, on décrira les arcs MLN, OLP ; ensuite par le point L, section des deux arcs, et par le centre I on mènera la ligne LI, qui divisera en deux, et l'arc AKB, et la corde AB.

Description des polygones de 24, 48, etc. côtés.

74. Qu'on suive la méthode précédente, et qu'on partage l'arc AK en deux arcs égaux, la corde de l'un ou de l'autre de ces arcs sera le côté du polygone de 24 côtés. On aura de même les polygones de 48, 96, 192, etc. côtés.

Description de l'octogone.

75. Maintenant pour décrire un octogone, c'est-à-dire un polygone de 8 côtés, on commencera par tracer un carré dans le cercle ; ce qu'on fera, si, après avoir mené deux diamètres AIB et CIE (fig. 57), qui se coupent à angles droits, on joint leurs extrémités par les lignes AC, CB, BE, AE.

Car, à cause de la régularité du cercle et de l'égalité des quatre angles que forment les perpendiculaires AIB, CIE, les quatre côtés AC, CB, BE, EA seront nécessairement égaux, et se trouveront également penchés les uns sur les autres ; ce qui ne pourra convenir qu'au carré.

Le carré ainsi décrit, on divisera, par la méthode précédente, chacun des arcs CKB, BLE, etc. en deux parties égales ; ce qui donnera l'octogone CKBLEMAN.

Qu'on partageât de même chacun des arcs CK, KB, etc. en 2, en 4, en 8, etc. parties égales, on aurait les polygones de 16, 32, 64, etc. côtés.

Et des polygones de 16, 32, etc. côtés.

SECONDE PARTIE.

DE LA MÉTHODE GÉOMÉTRIQUE DE COMPARER LES FIGURES RECTILIGNES.

Si on a fait attention à ce que nous avons dit, pour montrer comment on est parvenu à mesurer les terrains, on a dû reconnaître que les positions des lignes les unes à l'égard des autres, fournissaient des remarques dignes d'attention par elles-mêmes, indépendamment de l'utilité dont elles pouvaient être dans la pratique; et il est à présumer que ces remarques ont engagé les premiers géomètres à pousser plus loin leurs découvertes; car ce ne sont pas seulement les besoins qui déterminent les hommes, la curiosité est souvent un aussi grand motif pour exciter leurs recherches.

Ce qui a dû contribuer encore au progrès de la géométrie, c'est le goût qu'on a naturellement pour cette précision rigoureuse, sans laquelle l'esprit n'est jamais satisfait.

Aussi lorsqu'en mesurant les figures, on s'est aperçu que dans une infinité de cas les échelles et les demi-cercles ne donnaient que des valeurs approchées des lignes ou des angles, on a cherché des méthodes qui suppléassent au défaut de ces instruments.

Ici nous reprendrons les figures rectilignes ; mais dans les opérations que nous ferons pour découvrir leurs justes rapports, nous ne nous servirons que de la règle et du compas.

Il arrive souvent qu'on a besoin ou de rassembler dans une même figure, plusieurs figures qui lui soient semblables, ou de décomposer une figure en d'autres figures de même espèce ; ce qu'on peut faire en opérant d'abord sur les rectangles, puisque toutes les figures rectilignes ne sont que des assemblages de triangles ; et que chaque triangle est la moitié d'un rectangle qui a même hauteur et même base.

1. Pour comparer les rectangles, il faut savoir changer un rectangle quelconque en un autre qui ait la même hauteur, mais dont la superficie soit différente. Car lorsque deux rectangles seront changés en deux autres de même hauteur, ils ne différeront plus que par leurs bases ; le plus grand sera celui qui aura la plus grande base, et il contiendra le plus petit de la même manière que sa base contiendra celle du plus petit rectangle ; ce qu'on énonce ordinairement ainsi : deux rectangles qui ont même hauteur, sont en même raison que leurs bases.

Deux rectangles qui ont même hauteur, sont en même raison que leurs bases.

2. Pour ajouter ces deux rectangles, il ne faudra que les poser l'un à côté de l'autre.

3. Il ne sera pas plus difficile de retrancher le plus petit du plus grand.

4. Et pour partager un rectangle en un nombre déterminé de rectangles égaux, il faudra couper sa base en un pareil nombre de parties égales, ensuite élever des perpendiculaires sur les points de division.

Manière de changer un rectangle en un autre, qui ait une hauteur donnée.

5. Maintenant soit proposé de changer le rectangle ABCD (fig. 58) en un autre BFEG, qui ait la même superficie, et dont la hauteur soit BF, on remarquera que puisque sa valeur sera le produit de sa hauteur par sa base, il faudra que le rectangle cherché BFEG, dont la hauteur sera plus grande que BC, ait sa base plus petite que AB, c'est-à-dire que si BF par exemple est double de BC, il faudra que BG ne soit que la moitié de AB.

Si BF était le triple de BC, BG ne serait que le tiers de AB.

On verrait de même que si BF, au lieu de contenir BC un nombre exact de fois, le contenait avec fraction, comme deux fois et un tiers, le rectangle BFEG ne pourrait être égal au rectangle ABCD, que sa base BG ne fût aussi contenue deux fois et un tiers dans la base AB. Et en général il sera aisé de voir qu'afin que deux rectangles ABCD, BFEG soient égaux, il faudra que la base BG de l'un soit contenue dans la base AB de l'autre, comme la hauteur BC dans la hauteur BF.

Il ne s'agira donc plus que de diviser la ligne AB, de manière que AB soit à GB comme BF à BC, ce qui se fera (Ire part., n° 41) en menant la ligne FA, et du point donné C, la parallèle CG.

Seconde manière de changer un rectangle en un autre dont la hauteur soit donnée.

6. Pour changer le rectangle ABCD en un autre rectangle BFEG, qui ait une hauteur donnée BF, on peut employer une méthode moins naturelle que la précédente, mais plus commode. Ayant prolongé AD (fig. 59) jusqu'à ce qu'elle rencontre en I la droite FEI, menée par le point F parallèlement à AB, on tirera la diagonale BI, et par le point O où elle rencontrera le côté DC, on mènera GOE parallèle à FB, et le rectangle BFEG sera égal au rectangle ABCD.

Pour le prouver, il suffira de faire voir qu'en ôtant des rectangles ABCD, BFEG la partie commune OCBG, le rectangle ADOG égalera le rectangle EOCF.

Or, si on fait attention à l'égalité des deux triangles IBF, IBA, on verra qu'en retranchant de ces triangles des quantités égales, les restes seront égaux. Mais le triangle IAB deviendra le rectangle ADOG, si on en retranche les deux triangles IDO, OGB; de même, le triangle IBF deviendra le rectangle EOCF par le retranchement des triangles IEO, OBC, égaux aux deux premiers. Donc les deux rectangles ADOG, EOCF, restes des deux triangles, seront égaux entre eux, aussi bien que les rectangles ABCD, BFEG.

On prouve rigoureusement que si deux rectangles sont égaux, la base du premier est à la base du second, comme la hauteur du second est à la hauteur du premier.

7. Cette seconde manière de changer un rectangle en un autre confirme le principe que suppose la première, et qui aurait pu sembler n'être appuyé que sur une simple induction.

De l'égalité des deux rectangles ABCD, BFEG, on avait conclu qu'il fallait que AB fût à BG, comme BF à BC; c'est ce qu'on peut maintenant prouver par le numéro précédent.

Car les triangles IAB et OGB étant manifestement semblables, la base AB du grand sera à la base GB du petit, comme la hauteur IA à la hauteur OG, ou comme BF à BC leurs égales. Donc AB sera à GB, comme BF à BC, conformément au principe du n° 5.

Si quatre lignes sont telles que la première soit à la seconde, comme la troisième à la quatrième, le rectangle formé par la première et la quatrième, sera égal à celui que forment la seconde et la troisième.

8. De la manière qu'on vient de s'y prendre pour démontrer que de l'égalité des deux rectangles ABCD, BFEG il suit que la hauteur BF est à la hauteur BC, comme la base AB à la base BC, on démontrerait aussi que lorsque quatre lignes BF, BC, AB, BG seront telles que la première sera à la seconde comme la troisième à la quatrième, le rectangle qui aurait pour hauteur et pour base la première et la quatrième de ces lignes serait égal au rectangle qui aurait pour hauteur et pour base la seconde et la troisième.

9. Lorsque quatre quantités, ainsi que les lignes précédentes BF, BC, AB, BG, sont telles que la première est à la seconde, comme la troisième à

la quatrième, on dit que ces quatre quantités sont en proportion, ou qu'elles forment une proportion. Ainsi 6, 9, 18, 27 sont en proportion, parce que 6 est contenu dans 9, de la même manière que 18 est contenu dans 27. Il en est de même de 15, 25, 75, 125, etc.

Quatre quantités dont la première est à la seconde comme la 3e à la 4e, sont dites former une proportion.

10. La première et la quatrième des quatre quantités d'une proportion s'appellent *termes extrêmes*, ou simplement *extrêmes;* la seconde et la troisième se nomment *termes moyens*, ou simplement *moyens*.

Des quatre termes d'une proportion, le premier et le quatrième sont nommés extrêmes; les moyens sont le second et le troisième.

En se servant des définitions précédentes, il est clair que les propositions renfermées dans les nos 7 et 8 s'énonceront ainsi :

11. Lorsque quatre quantités sont en proportion, le produit des extrêmes est égal au produit des moyens.

Dans une proportion, le produit des extrêmes est égal à celui des moyens.

12. Si quatre quantités sont telles que le produit des extrêmes soit égal au produit des moyens, ces quatre quantités seront en proportion.

Si le produit des extrêmes est égal au produit des moyens, les quatre termes forment une proportion.

13. Il est à propos de faire beaucoup d'attention aux deux numéros précédents, ils sont d'un grand usage; on en déduit, entre autres choses, la démonstration de la règle qu'on appelle en arithmétique règle de trois. Pour donner une idée de cette règle, nous prendrons un exemple, c'est la manière la plus simple de se faire entendre.

De là on tire la règle de trois.

Supposons que 24 ouvriers aient fait 30 mètres

d'ouvrage en un certain temps, on demande combien 64 ouvriers en feront dans un temps égal.

Il est évident que pour résoudre la question, il faut trouver un nombre qui soit à 64, dans la même raison que 30 à 24. Or, suivant ce que nous avons vu, ce nombre sera tel que son produit par 24 égalera le produit de 30 par 64. Mais le produit de 30 par 64 est 1920. Donc le nombre cherché sera celui qui, étant multiplié par 24, donnera 1920. Or, pour peu qu'on ait d'idée des opérations de l'arithmétique, on doit aisément s'apercevoir qu'il faudra que ce nombre soit le quotient de la division de 1920 par 24, c'est-à-dire 80.

Ou la manière de trouver le quatrième terme d'une proportion, dont les trois premiers sont donnés.

En général, pour trouver le quatrième terme d'une proportion dont les trois premiers seront donnés, il faudra prendre le produit du second et du troisième, et diviser ce produit par le premier terme de la proportion.

14. Un exemple aussi simple que celui que nous venons de choisir, ne fait peut-être pas assez sentir la nécessité de la méthode précédente. Le bon sens seul ferait trouver le nombre demandé. On voit que 30 surpasse 24 d'un quart, et qu'ainsi il faut que le nombre cherché surpasse 64 d'un quart, ce qui donne 80. Mais il y a des cas où l'on pourrait chercher plus longtemps le rapport des deux premiers nombres de la proportion.

Par exemple, on veut un quatrième terme proportionnel aux trois nombres 259, 407, 483.

Pour le trouver par la méthode précédente, il faut multiplier 483 par 407, et diviser 196581 qui en est le produit, par 259; ce qui donne 759 pour le quatrième terme cherché.

Si on s'y était pris autrement pour trouver ce terme, ce n'aurait pu être qu'en tâtonnant. On aurait bien pu découvrir par exemple que 148, excès de 407 sur 259, contient quatre des septièmes parties de 259; qu'ainsi il fallait ajouter de même à 483 le nombre 276, qui contient quatre de ses septièmes parties. Mais la généralité et la sûreté de la méthode précédente nous sauvent toujours de l'embarras des tâtonnements, qui même deviendraient inutiles dans bien des cas.

15. Lorsqu'on aura deux carrés à ajouter, leur addition se fera de la même manière que celle de deux rectangles, puisque les carrés sont des rectangles dont la hauteur et la base sont égales. On changera donc un des carrés, le plus petit par exemple, en un rectangle qui aura le côté du grand pour hauteur, et les deux carrés ne feront plus qu'un rectangle. On pourrait donner de même la hauteur du petit carré à tous les deux, ou une autre hauteur à volonté; mais ce qu'on ne pouvait guère manquer de se proposer, lorsqu'on a voulu réduire ainsi deux carrés en une seule figure, c'était de faire un carré égal à deux autres; problème dont il était aisé de trouver la solution suivante.

Faire un carré double d'un autre.

16. Supposons d'abord que les deux carrés ABCD, CBFE (fig. 60), dont on se propose de faire un seul carré, soient égaux entre eux; il est aisé de remarquer que si on tire les diagonales AC et CF, les triangles ABC et CBF feront ensemble la valeur d'un carré. Donc, en transportant au-dessous de AF les deux autres triangles DCA et CEF, on fera le carré ACFG, dont le côté AC sera la diagonale du carré ABCD, et dont la superficie égalera celle des deux carrés proposés; ce qui n'a pas besoin d'être démontré.

Faire un carré égal à deux autres pris ensemble.

17. Supposons présentement qu'on veuille faire un carré égal à la somme des deux carrés inégaux ADC*d*, CFE*f* (fig. 61), ou, ce qui revient au même, qu'on se propose de changer la figure ADFE*fd* en un carré.

En suivant l'esprit de la méthode précédente, on cherchera s'il n'est point possible de trouver dans la ligne DF quelque point H tel

1° Que tirant les lignes AH et HE, et faisant tourner les triangles ADH, EFH autour des points A et E, jusqu'à ce qu'ils aient les positions A*dh*, E*fh*, ces deux triangles se joignent en *h*;

2° Que les quatre côtés AH, HE, E*h*, *h*A soient égaux et perpendiculaires les uns aux autres.

Or ce point H se trouvera en faisant DH égal au côté CF ou EF. Car de l'égalité supposée entre DH et CF, il suit premièrement que si on fait tourner ADH autour de son angle A, en sorte qu'on lui donne la position A*dh*, le point H arrivé en *h* sera distant du point C d'un intervalle égal à DF.

De la même égalité supposée entre DH et CF, il suit encore que HF égalera DC, et qu'ainsi le triangle EFH, tournant autour de E pour prendre la position E*fh*, le point H arrivera au même point *h*, distant de C d'un intervalle égal à DF.

Donc la figure ADFE*fd* sera changée en une figure à quatre côtés AHE*h*. Il ne s'agit donc plus que de voir si les quatre côtés seront égaux et perpendiculaires les uns aux autres.

Or l'égalité de ces quatre côtés est évidente, puisque A*h* et *h*E seront les mêmes que AH et HE, et que l'égalité de ces deux derniers se tirera de ce que DH étant égale à CF ou à FE, les deux triangles ADH, HEF seront égaux et semblables.

Il ne reste donc plus qu'à voir si les côtés de la figure AHE*h* formeront des angles droits; c'est de quoi il est aisé de s'assurer en remarquant que, pendant que AHD tournera autour de A pour arriver en *h*A*d*, il faudra que le côté AH fasse le même mouvement que le côté AD. Or le côté AD fera un angle droit DA*d* en devenant A*d*. Donc le côté AH fera aussi un angle droit HA*h* en devenant A*h*.

Quant aux autres angles H, E, *h*, il est visible qu'ils seront nécessairement droits. Car il ne serait pas possible qu'une figure, terminée par quatre côtés égaux, eût un angle droit, sans que les trois autres fussent pareillement droits.

18. Si on remarque que les deux carrés ADC*d*, CFE*f* sont faits, l'un sur AD, moyen côté du triangle ADH, l'autre sur EF, égal à DH, petit côté du même triangle ADH; et que le carré AHE*h*, égal aux deux autres, est décrit sur le grand côté AH, qu'on nomme communément l'*hypoténuse* du triangle rectangle; on découvrira bientôt cette fameuse propriété des triangles rectangles, que le carré de l'hypoténuse est égal à la somme des carrés faits sur les deux autres côtés.

L'hypoténuse d'un triangle rectangle est son grand côté.

Et le carré de ce côté est égal à la somme des carrés faits sur les deux autres.

D'où se tire une manière simple de réduire 2 carrés en un seul.

19. Donc, lorsque de deux carrés HDLK, ABCD (fig. 62 et 63), on n'en voudra faire qu'un seul, il sera inutile de les mettre à côté l'un de l'autre, et de les décomposer, comme on a fait dans le n° **17**. Il suffira de placer leurs côtés AD, DH (fig. 64) de façon qu'ils fassent un angle droit, et de tirer ensuite la ligne AH, puisqu'alors cette ligne sera le côté du carré cherché AHIE.

20. Si on avait deux figures semblables DAFGM, DHPON (fig. 65 et 66), et qu'on se proposât d'en faire une troisième, égale en superficie aux deux autres prises ensemble, il ne faudrait que poser les bases AD, HD de ces figures, sur les deux côtés d'un angle droit ADH (fig. 67), et l'hypoténuse AH du triangle ADH serait la base de la figure demandée.

Si les côtés d'un triangle rectangle servent de bases à trois figures semblables, la figure faite sur l'hypoténuse égalera

Pour en voir la raison, qu'on imagine les carrés ABCD, DHKL, AHIE, faits sur les bases des trois figures semblables, on verra d'abord par le n° **18** que le carré AHIE vaudra lui seul les deux autres carrés ABCD, DHKL. Or les figures semblables sont entre elles comme les carrés de leurs côtés homologues (Ire part., n° 47). Donc les trois carrés ABCD, DHKL, AHIE se trouveront les mêmes parties des figures DAFGM, DHPON, AHQRS.

les deux autres prises ensemble.

D'où il sera aisé de conclure que la figure AHQRS vaudra les deux autres. Supposons par exemple que chacun de ces carrés fût la moitié de la figure dans laquelle il serait renfermé, personne ne douterait que la figure AHQRS ne fût égale aux deux autres, puisque sa moitié vaudrait seule les moitiés des deux figures DHPON, DAFGM. Il en serait de même si les carrés ABCD, DHKL, AHIE étaient les deux tiers, les trois quarts, etc. des figures DAFGM, DHPON, AHQRS.

21. Si on se proposait d'ajouter trois, quatre, etc. figures semblables, ou, ce qui revient au même, trois, quatre, etc. carrés, la méthode serait toujours la même. Qu'on voulût par exemple en ajouter trois, on ferait d'abord un carré égal aux deux premiers; ensuite à ce nouveau carré on ajouterait le troisième, et par là on aurait un carré égal aux trois carrés proposés.

Réduire plusieurs figures semblables à une seule.

22. De là il suit que si on se proposait de faire un carré, cinq, six, etc. fois plus grand qu'un autre, il suffirait de suivre la méthode précédente pour résoudre ce problème, et même son inverse;

c'est-à-dire pour faire un carré qui ne serait que la cinquième, la sixième, etc. partie d'un carré proposé, ce qui demanderait simplement qu'on se rappelât la manière de trouver une quatrième proportionnelle à trois lignes données. Mais dans la troisième partie de cet ouvrage, nous donnerons une méthode plus directe et plus commode pour résoudre ces sortes de problèmes.

25. L'addition des figures semblables fournit une preuve décisive de la nécessité d'abandonner les échelles, quand on veut faire les opérations d'une manière qui puisse se démontrer rigoureusement.

Supposons par exemple qu'on eût à faire un carré double d'un autre, ceux qui ne sauraient pas la méthode donnée dans le n° **16** s'y prendraient vraisemblablement de la manière suivante :

Ils diviseraient le côté du carré donné dans un grand nombre de parties, en 100 parties par exemple ; ensuite multipliant 100 par 100, ils trouveraient 10000 pour la valeur du carré ; ce qui donnerait 20000 pour celle du carré demandé.

Mais de la valeur de celui-ci, ils ne tireraient pas la manière de le décrire ; il faudrait qu'ils eussent son côté exprimé par un nombre, et que ce nombre fût tel qu'en le multipliant par lui-même, c'est-à-dire en le carrant, le produit donnât 20 000.

Le produit qui résulte de la multiplication d'un nombre par lui-même est le carré de ce nombre.

Or ce nombre dont ils auraient besoin, ce serait

en vain qu'ils le chercheraient sur une échelle dont les parties seraient des centièmes du côté du premier carré ; car 141, multiplié par lui-même, donnerait 19881, et 142 donnerait 20164 ; ce qui s'écarterait de part et d'autre du nombre qu'ils devraient trouver.

Peut-être s'imagineraient-ils qu'en partageant le côté du carré donné en plus de 100 parties, ils trouveraient un nombre déterminé de ces parties pour le côté du carré double du premier ; mais quelques essais qu'ils pussent faire, ils trouveraient toujours que ce serait en vain qu'ils chercheraient deux nombres, dont l'un exprimerait le côté, ou, suivant le langage ordinaire, la racine d'un carré, et l'autre, le côté, ou la racine du carré double.

La racine d'un carré est le nombre qui, multiplié par lui-même, redonne ce carré.

24. En effet on démontre en arithmétique, que si deux nombres ne sont pas multiples l'un de l'autre, c'est-à-dire si l'un ne contient pas l'autre un nombre exact de fois, le carré du plus grand ne sera pas non plus multiple du carré du plus petit. Ainsi 5 par exemple ne pouvant pas se diviser exactement par 4, son carré 25 ne pourra pas non plus se diviser par 16, carré de 4.

Un nombre est dit multiple d'un autre, lorsqu'il le contient plusieurs fois exactement.

Donc si on carre deux nombres, dont l'un soit plus grand que l'autre, et en soit cependant moins que le double, il viendra par cette opération deux autres nombres, dont l'un sera moindre que le quadruple de l'autre, mais sans en pouvoir être, ni le double, ni le triple. Donc, qu'on divise le côté d'un carré en tel nombre de parties qu'on voudra, le côté du carré double, qui, suivant ce qui est démontré dans le n° **16**, sera la diagonale de ce carré, ne contiendra pas un nombre exact de ces mêmes parties ; ce qu'on exprimerait, dans le langage des géomètres, en disant que le côté du carré et sa diagonale sont incommensurables.

Le côté d'un carré et sa diagonale, sont incommensurables.

Autres lignes incommensurables.

25. On peut encore remarquer qu'il y a quantité d'autres lignes qui n'ont aucune commune mesure.

Car qu'on écrive les deux suites

1, 2, 3, 4, 5, 6, 7, 8, 9, etc.
1, 4, 9, 16, 25, 36, 49, 64, 81, etc.

dont la première exprime les nombres naturels, et l'autre leurs carrés, on verra que comme les nombres qui seront entre 4 et 9, entre 9 et 16, entre 16 et 25, etc. n'auront aucune racine, les côtés de deux carrés, dont l'un sera ou triple, ou quintuple, ou sextuple, etc. de l'autre, seront incommensurables entre eux.

26. Mais de ce que plusieurs lignes sont incommensurables avec d'autres, peut-être pourrait-il naître quelque soupçon sur l'exactitude des propositions qui nous ont servi à constater la proportionnalité des figures semblables. On a vu qu'en comparant ces figures (Ire part., n[os] **34** et suiv.) nous avons toujours supposé qu'elles avaient une échelle qui pouvait également servir à mesurer toutes leurs parties : supposition qui maintenant paraîtrait devoir être limitée, à cause de ce qui vient d'être dit. Il faut donc que nous revenions sur nos pas et que nous examinions si nos propositions, pour être vraies, n'auraient pas elles-mêmes besoin de quelques modifications.

27. Reprenons d'abord ce qui est dit dans le nº **39** de la première partie, et voyons s'il est exactement vrai que les triangles, tels que *abc*, ABC (fig. 68 et 69), dont les angles sont les mêmes, aient leurs côtés proportionnels. Supposons par exemple que la base du premier étant *ab*, celle du second soit une droite AB, égale à la diagonale d'un carré dont *ab* serait le côté, et cherchons si, dans cette supposition, le rapport de AC à *ac* sera le même que celui de AB à *ab*.

Quoique, suivant ce que nous avons vu, quelque grand que pût être le nombre des parties qu'on supposerait arbitrairement dans *ab*, AB ne pourrait jamais contenir un nombre exact de ces parties; il est cependant aisé de s'apercevoir que plus ce nombre sera grand, plus AB approchera d'être mesuré exactement avec les parties de *ab*. Supposons *ab* divisé en 100 parties; ce que AB contiendra de ces parties se trouvera entre 141 et 142 (nº **23**). Contentons-nous de 141, et négligeons le petit reste. Il est clair (Ire part., nº **39**) que AC contiendra aussi 141 des parties de *ac*.

Supposons ensuite *ab* divisé en 1000 parties, ce

que AB contiendra des parties de *ab* sera entre 1414 et 1415; ne prenons que 1414 et négligeons encore le reste, on trouvera de même que AC contiendra 1414 des millièmes parties de *ac*, et qu'en général AC contiendra toujours autant de parties de *ac* avec un reste, que AB contiendra de parties de *ab* avec un reste.

De plus ces restes, comme nous venons de l'observer, seront de part et d'autre d'autant plus petits que le nombre des parties de *ab* sera plus grand. Donc il sera permis de les négliger, si on imagine la division de *ab* poussée jusqu'à l'infini. Donc on pourra dire alors que le nombre des parties de *ac* que contiendra AC, égalera le nombre des parties de *ab* que contiendra AB, et qu'ainsi AC sera à *ac* comme AB à *ab*.

Les triangles et les figures semblables ont les côtés proportionnels, lors même que ces côtés sont incommensurables.

Donc nous avons rigoureusement démontré que lorsque deux triangles ont les mêmes angles, ils ont leurs côtés proportionnels, soit que leurs côtés aient une commune mesure, ou qu'ils n'en aient pas.

La proposition (Ire part., no 45) d'où se tire la proportionnalité des lignes qui se répondent dans les figures semblables, se justifierait de la même façon.

Et ces figures sont toujours entre

28. On verra par de pareils raisonnements que les propositions expliquées dans les nos 44 et 47 de la première partie, où l'on a fait voir que les aires des triangles et des figures semblables ont entre elles la même proportion que les carrés de leurs côtés homologues, sont toujours vraies en général, même lorsque les côtés de ces figures sont incommensurables.

elles comme les carrés de leurs côtés homologues.

Prenons pour exemple les triangles semblables ABC, *abc*, dont nous supposerons les hauteurs incommensurables avec leurs bases; dans ce cas il n'y aura aucun carré, quelque petit qu'il soit, qui puisse servir de commune mesure à ces triangles et aux carrés faits sur leurs bases, c'est-à-dire que les aires *abc* et *abde* seront incommensurables entre elles, ainsi que les aires ABC et ABDE; mais il n'en sera pas moins vrai que le triangle ABC sera au carré ABDE comme le triangle *abc* au carré *abde*.

C'est de quoi on s'assurera en observant que plus les parties de l'échelle dont on se servira pour mesurer AB et CK seront supposées petites, plus on approchera d'avoir les nombres qui exprimeront le rapport de ABC à ABDE. Donc divisant toujours l'échelle du triangle *abc* dans le même nombre de parties et négligeant les restes, on verra que les mêmes nombres serviraient toujours à exprimer le rapport du triangle ABC au carré ABDE, et celui du triangle *abc* au carré *abde*. Qu'on pousse, par la pensée, la division des échelles jusqu'à l'infini, les restes deviendront absolument nuls; et l'on pourra dire que les nombres qui exprimeraient le rapport du triangle *abc* au carré *abde*, exprimeraient aussi le rapport du triangle ABC au carré ABDE, et qu'ainsi le triangle *abc* sera au carré *abde* comme le triangle ABC au carré ABDE.

Il en serait de même de toutes les figures semblables.

TROISIÈME PARTIE.

DE LA MESURE DES FIGURES CIRCULAIRES, ET DE LEURS PROPRIÉTÉS.

Après être parvenu à mesurer toutes sortes de figures rectilignes, on a voulu avoir la manière de déterminer celles que bornent des lignes courbes. Les terrains, et en général les espaces dont il s'agit de chercher la mesure, ne sont pas toujours terminés par des lignes droites.

Souvent les figures curvilignes et les figures mixtes, c'est-à-dire celles qui sont bornées par des lignes droites et par des lignes courbes, peuvent se réduire à des figures entièrement rectilignes, comme nous l'avons déjà dit; car qu'on eût à mesurer une figure telle que ABCDEFG (fig. 70), on pourrait prendre le côté AD pour un assemblage de deux, de trois, etc. lignes droites ; substituant ensuite la droite FD à la courbe FED, on aurait la figure rectiligne ABCDFG, qui différerait si peu de la figure mixte, que l'une pourrait être prise pour l'autre sans erreur sensible.

On opérerait donc sur ces figures, en suivant les méthodes précédentes. Mais les géomètres ne s'accomoderaient guère de ces sortes d'opérations :

ils n'en veulent que de rigoureuses; d'ailleurs il y a tel cas où la transformation d'une figure curviligne ou mixte en une figure entièrement rectiligne, demanderait qu'on partageât son contour en un si grand nombre de parties, qu'alors la méthode commune deviendrait impraticable; aussi ne serait-on pas tenté de la suivre, si on avait à mesurer un espace tel que Z (fig. 76), ou le cercle entier X (fig. 72); il faudrait prendre une autre voie pour trouver la mesure de ces sortes d'espaces. Ici nous ne nous attacherons qu'à ceux dont les contours renferment des arcs de cercle.

1. Supposons d'abord qu'on ait l'aire du cercle X (fig. 72) à mesurer. On observera qu'en lui inscrivant un polygone régulier BCDE, etc., plus ce polygone aura de côtés, plus il approchera d'être égal au cercle. Or on a vu que l'aire de cette figure (Ire part., no **22**) est égale à autant de fois le produit du côté BC par la moitié de l'apothème AH, que le polygone a de côtés; ou, ce qui revient au même, que cette aire a pour mesure le produit du contour entier BCDE etc. par la moitié de l'apothème. Donc, puisqu'en poussant jusqu'à l'infini le nombre des côtés du polygone, son aire, son contour, son apothème, égaleront l'aire, le contour et le rayon du cercle, la mesure du cercle sera le produit de sa circonférence par la moitié de son rayon.

La mesure du cercle est le produit de sa circonférence par la moitié de son rayon.

2. Il suit de là que la superficie d'un cercle

BCD (fig. 73) est égale à celle d'un triangle ABL, dont la hauteur serait le rayon AB, et sa base une droite BL égale à la circonférence.

L'aire du cercle est égale à un triangle dont la hauteur est le rayon, et la base une droite égale à la circonférence.

3. Il ne s'agit donc que d'avoir le rayon et la circonférence. A l'égard du rayon, il est aisé de le mesurer ; il n'en est pas de même de la circonférence: cependant pour avoir sa mesure on peut envelopper le cercle d'un fil; ce qui, dans beaucoup d'occasions, suffit pour la pratique.

Mais jusqu'à présent on n'a pu parvenir à mesurer géométriquement la circonférence du cercle, c'est-à-dire à déterminer exactement le rapport qu'elle a avec le rayon. On trouve ce rapport à des cent-millièmes, à des millionièmes près, et même on en approche tant qu'on veut, sans que pour cela on puisse le déterminer rigoureusement.

4. L'approximation la plus simple qu'on ait trouvée est celle qu'on tient d'Archimède. Le diamètre ayant 7 parties, ce que la circonférence contient de ces parties est entre 21 et 22; et l'on sait qu'elle approche beaucoup plus de 22 que de 21.

Si le diamètre d'un cercle a 7 parties, la circonférence en a près de 22.

5. Au reste il est clair que si on savait exactement le rapport d'une seule circonférence à son rayon, on saurait celui de toutes les autres circonférences à leurs rayons ; ce rapport devant être le même dans tous les cercles. Cette proposition paraît si simple, qu'elle n'a pas besoin d'être démon-

Les circonférences des cercles, sont entre elles comme leurs rayons.

trée; puisqu'on sent que quelles que fussent les opérations qu'on aurait faites pour mesurer une circonférence, en se servant des parties de son rayon, il faudrait qu'on fît les mêmes opérations pour mesurer toute autre circonférence; qu'ainsi on lui trouverait le même nombre de parties de son rayon.

6. Il est évident que les cercles ont encore la propriété générale de toutes les figures semblables (Ire part., n° **47**) : je veux dire que leurs surfaces sont en même proportion que les carrés de leurs côtés homologues; mais comme, pour appliquer cette proposition aux cercles, on ne pourra prendre leurs côtés, il faudra se servir des rayons; alors on verra que les cercles auront leurs aires proportionnelles aux carrés de leurs rayons.

Les aires des cercles sont en proportion des carrés de leurs rayons.

S'il ne paraissait pas d'abord que cette proposition dût suivre de ce qui est dit dans le n° **47** de la première partie, et qu'on voulût en avoir une démonstration particulière, on ferait attention qu'il reviendrait absolument au même de comparer les aires de deux cercles BCD, EFG (fig. 73 et 74), ou celles des triangles ABL, AEM, qui leur seraient égaux (n° **2**), en supposant que leurs bases BL et EM fussent les développements des circonférences BCD et EFG, et que leurs hauteurs fussent les rayons AB et AE. Or par le numéro précédent ces triangles seraient semblables; donc leurs aires seraient en même proportion que les carrés de leurs côtés homologues AB, AE, rayons des cercles BCD et EFG. Donc, etc.

7. Les cercles, à cause de leur similitude, auront aussi, de même que les figures semblables, cette propriété que si, en prenant les trois côtés d'un triangle rectangle pour rayons, on décrit trois cercles, celui dont le rayon sera l'hypoténuse égalera les deux autres pris ensemble.

Des trois cercles qui ont pour rayons les trois côtés d'un triangle rectangle, celui que donne l'hypoténuse vaut les deux autres pris ensemble.

Ainsi on pourra toujours trouver un cercle égal à deux cercles donnés, et cela sans prendre la peine de mesurer chacun de ces cercles. Qu'on veuille par exemple faire un bassin qui contienne autant d'eau que deux autres, la profondeur étant la même; qu'on veuille trouver l'ouverture d'un tuyau de fontaine, par lequel il s'écoule autant d'eau que par des tuyaux donnés; on y réussira sans peine, en prenant la voie que nous venons d'indiquer.

8. Si on avait à mesurer la superficie d'une couronne V (fig. 75), figure enfermée entre deux cercles concentriques EFG, BCD, c'est-à-dire entre deux cercles qui auraient un centre commun; ce qui se présenterait d'abord, ce serait de mesurer séparément les superficies des deux cercles, et de retrancher la plus petite de la plus grande. Mais il est aisé de s'apercevoir que le problème peut se résoudre d'une manière plus commode pour la pratique.

Une couronne est l'espace enfermé entre deux cercles concentriques.

Imaginons un triangle ABL, qui ait le rayon AB pour hauteur, et dont la base soit une droite BL égale à la circonférence BCD. Si on mène par le point E, la droite EM parallèle à BL, cette droite sera égale à la circonférence EFG ; car à cause de la similitude des triangles AEM, ABL, il y aura même proportion entre AB et BL qu'entre AE et EM. Or, par la supposition, BL égalera la circonférence dont AB sera le rayon : donc EM égalera aussi la circonférence qui aura pour rayon la ligne AE, partie de AB. Il en serait de même de toute autre ligne KI, parallèle à BL ; elle serait toujours égale à la circonférence dont AK serait le rayon.

De l'égalité supposée entre la circonférence EFG et la droite EM, suit nécessairement l'égalité du triangle AEM au cercle EFG ; donc il faut que l'espace rectiligne EBLM soit égal à la couronne proposée V. Or cet espace EBLM se peut aisément changer en un rectangle EBPH, en coupant ML en deux parties égales MI et IL, et en menant à BL par le point I la perpendiculaire HIP, qui donnera le triangle ajouté MHI, égal au triangle retranché PLI.

Donc, si par le point I on mène à BL la parallèle IK, qui coupera EB en deux parties égales, la couronne proposée, égale à l'espace EBLM ou à EBPH, aura pour mesure le produit de EB par KI, circonférence dont AK sera le rayon.

Donc, pour mesurer une couronne V, il faut multiplier sa largeur EB par la circonférence KOQ, dite moyenne entre les circonférences BCD et EFG, parce qu'elle surpasse la petite circonférence EFG, ou la droite EM, d'une quantité MH égale à PL, quantité dont elle est surpassée par la grande circonférence BCD ou par la droite BL.

Pour mesurer une couronne, il faut multiplier la largeur par la circonférence moyenne.

9. Lorsqu'il s'agira de mesurer une figure Y (fig. 71) composée d'arcs de cercles différents et de lignes droites, ou une figure Z (fig. 76) uniquement composée d'arcs de cercles, toute la difficulté se réduira à mesurer des segments de cercle, c'est-à-dire des espaces tels que ABCE (fig. 77), terminés par un arc ABC et par la corde AC. Car les figures entièrement composées d'arcs de cercles, ou d'arcs et de lignes droites, peuvent toutes être considérées comme des figures rectilignes, augmentées ou diminuées de certains segments.

Le segment du cercle est un espace terminé par un arc et par sa corde.

La mesure de toutes figures circulaires se réduit à celle du segment.

10. La mesure d'un segment quelconque ABCE est facile à trouver, lorsqu'on sait celle du cercle; car, qu'on tire les lignes AT, CT au centre T de l'arc, on formera une figure ABCT, appelée *secteur*, dont l'aire sera au cercle comme l'arc ABC à la circonférence entière, et qui par conséquent aura pour mesure le produit de la moitié du rayon AT par l'arc ABC; or le secteur étant déterminé, il ne faudra plus qu'en retrancher le triangle ACT, pour avoir le segment ABCE.

Le secteur est une portion de cercle, terminée par 2 rayons et par l'arc qu'ils comprennent.

Sa mesure et celle du segment.

11. Comme il arrive assez souvent que lorsqu'on se propose de mesurer une figure telle que Y (fig. 71), on n'a pas le centre de l'arc HIK, et que cependant sans ce centre on ne saurait mesurer la figure, puisque la méthode précédente exige la connaissance du rayon, il faut que nous cherchions le centre d'un arc de cercle quelconque.

Trouver le centre d'un arc de cercle quelconque.

Soit ABC (fig. 78) l'arc de cercle proposé, si on prend à volonté deux points A et B sur cet arc, et que de ces points comme centres on décrive les quatre arcs *goi*, *foh*, *lpk*, *mpn*, les deux premiers d'un rayon quelconque, et les deux autres, ou de ce même rayon, ou de tel autre rayon qu'on voudra, il est clair que le centre cherché de l'arc ABC sera sur la ligne *op*, qui joindra les points d'intersection *o*, *p*.

Choisissant ensuite un troisième point C sur l'arc ABC, et se servant de B et de C de la même manière qu'on s'est servi de A et de B, on aura une droite *qr*, sur laquelle devra encore se trouver le centre demandé. Donc ce centre sera le point de rencontre T des lignes *op*, *qr*.

12. Ainsi quelque arrangement qu'on donne à trois points, pourvu qu'on ne les place pas en ligne droite, on pourra toujours les lier par un arc de cercle, ou, ce qui revient au même, quelle que soit la proportion des côtés AC, BC (fig. 79) d'un triangle ACB avec sa base, on pourra toujours circonscrire un cercle à ce triangle.

13. La méthode que nous venons de donner pour circonscrire un cercle à un triangle étant appliquée successivement à différents triangles ACB, AEB, AGB (fig. 79 et 80) plus ou moins élevés à l'égard de leur base AB, on s'aperçoit qu'en passant d'un triangle ACB, dont l'angle au sommet est fort aigu, à d'autres triangles AEB, AGB, dont l'angle au sommet est plus ouvert, le centre du cercle circonscrit s'approche continuellement de AB, et que ce centre passe ensuite au-dessous de AB, lorsque l'angle au sommet AGB a atteint une certaine ouverture. Or, voyant passer ce centre au-dessous de AB, après l'avoir vu au-dessus, il doit venir dans l'esprit, ce me semble, de chercher de quelle espèce est le triangle AFB (fig. 81), lorsque le cercle circonscrit a son centre sur AB même.

Pour connaître ce triangle AFB, on commencera par remarquer que dans ce cas particulier la portion du cercle circonscrite au triangle doit être exactement un demi-cercle; en effet le centre du cercle devant se trouver sur la base AB, dont les deux extrémités sont par la supposition dans la circonférence, le centre M ne pourra pas manquer d'être situé précisément au milieu de AB, de sorte que AB sera nécessairement un diamètre.

Si d'un point pris sur la circonférence du demi-cercle, on tire deux droites aux extrémités du diamètre, on aura un angle droit.

On verra ensuite que de quelque point F du demi-cercle qu'on tire les lignes FA, FB, l'angle AFB sera droit. Car menant FM, les deux triangles AFM, MFB seront isocèles; donc les deux angles AFM, MFB seront respectivement égaux aux angles FAM, FBM, ou, ce qui revient au même, l'angle total AFB égalera la somme des deux angles FAM,

FBM; mais les trois angles AFB, FAM, FBM pris ensemble valent deux droits. Donc l'angle AFB sera droit.

Ainsi si on décrit sur la base AB un triangle rectangle quelconque, ce triangle aura la propriété demandée, d'être inscrit dans un cercle dont le centre est sur la base.

14. Cette propriété du cercle, que l'angle qui a son sommet dans la demi-circonférence et qui est appuyé sur le diamètre, est toujours droit, porte à chercher si les autres parties du cercle n'auraient pas quelque propriété analogue; si par exemple les angles ACB, AEB, AFB (fig. 82), pris dans un segment ACEFB, ne seraient pas tous égaux entre eux, ainsi que le sont ceux du demi-cercle.

Pour nous en assurer, nous commencerons par chercher la valeur d'un de ces angles, et nous verrons ensuite si les autres ont la même valeur. Nous prendrons par exemple l'angle AEB (fig. 83) dont le sommet E est placé au milieu de l'arc AEB. Comme la ligne EDG, qui passe par le centre D, coupe cet angle en deux parties égales, il suffira de mesurer l'angle AEG sa moitié, ou, ce qui revient au même, il suffira de savoir quelle partie l'angle AEG est d'un angle déjà mesuré, tel que ADG; je dis que l'angle ADG est déjà mesuré, parce que nous savons que l'arc AG est sa mesure (Ire part. n° **52**).

Si on fait attention que le triangle AED est isocèle, on verra facilement que l'angle AEG est la moitié de l'angle ADG ; car les angles AED, EAD (Ire part., n° 51) sont égaux : mais (Ire part., n° 68) ces deux angles, pris ensemble, valent l'angle extérieur ADG. Donc l'angle AED ou AEG est la moitié de l'angle ADG.

Par la même raison l'angle DEB sera la moitié de l'angle GDB. Donc l'angle total AEB égalera la moitié de l'angle ADB. Donc sa mesure sera la moitié de l'arc AGB.

Tous les angles dont le sommet est à la circonférence et qui s'appuient sur le même arc, sont égaux et ont pour commune mesure la moitié de l'arc sur lequel ils s'appuient.

15. L'angle AEB étant mesuré, pour savoir s'il est égal à chacun des autres angles qui ont leur sommet dans le même segment, il faut examiner si un de ces angles pris à volonté, AFB (fig. 84) par exemple, est aussi la moitié de l'angle au centre ADB. On s'en assurera facilement, en tirant la droite FDG par le centre. Car alors on verra que l'angle AFB sera composé de deux autres AFD, DFB, qui seront, par le numéro précédent, les moitiés des angles ADG, GDB, d'où l'on conclura que l'angle total AFB sera la moitié de l'angle ADB ; et en appliquant le même raisonnement à tous les angles ACB, AEB, AFB (fig. 82), qui ont leurs sommets à la circonférence et qui s'appuient sur le même arc AGB, on pourra conclure que ces angles sont égaux entre eux, ainsi que nous l'avions soupçonné dans le numéro précédent.

16. Parmi les différents angles qui ont leur sommet dans l'arc ACEFB, il y en a qui pourraient d'abord ne pas paraître compris dans la démonstration précédente; ce sont des angles AFB (fig. 85) tels, que la droite FDG tirée par le centre passe hors de l'angle ADB. Cependant, en remarquant toujours que l'angle GFA est la moitié de l'angle GDA, et l'angle DFB la moitié de l'angle GDB, on verra que l'angle AFB, excès de l'angle DFB sur l'angle DFA, sera dans ce cas la moitié de l'angle ADB, excès de l'angle GDB sur GDA.

17. Par les figures dont nous nous sommes servis, il semblerait aussi que la démonstration précédente ne conviendrait qu'aux segments plus grands qu'un demi-cercle; mais il est aisé de voir qu'un angle quelconque, tel que AFB (fig. 86), qui aurait son sommet dans un segment plus petit qu'un demi-cercle, serait toujours composé de deux autres DFB, DFA, moitiés des angles BDG, ADG, et par conséquent que cet angle AFB aurait pour mesure la moitié des deux arcs BG, AG, c'est-à-dire la moitié de l'arc AGB.

18. Après avoir vu que dans un même segment, les angles AEB, AFB, AHB (fig. 87), supposés à la circonférence, sont tous égaux, on est tenté de chercher ce que devient l'angle AQB, lorsque son sommet se confond avec le point B, extrémité de la base AB. Cet angle s'évanouirait-il alors? Mais il ne paraît pas possible que sans s'être resserré par degrés, il vienne tout à coup à s'anéantir. On ne voit pas quel serait le point au delà duquel cet angle cesserait d'exister; comment donc parviendra-t-on à en trouver la mesure? c'est une difficulté qu'on ne peut résoudre, sans recourir à la Géométrie de l'infini, dont tous les hommes ont au moins une idée imparfaite, qu'il ne s'agit que de développer.

Observons d'abord que quand le point E s'approche de B, en devenant F, H, Q, etc., la droite EB s'accourcit continuellement, et que l'angle EBA qu'elle fait avec la droite AB s'ouvre de plus en plus. Mais quelque courte que devienne la ligne QB, l'angle QBA n'en sera pas moins un angle, puisque pour le rendre sensible, il ne faudrait que prolonger la ligne accourcie QB vers R. En doit-il être de même lorque la ligne QB, à force de diminuer, s'est réduite enfin à zéro? qu'est devenue alors sa position? qu'est devenu son prolongement?

La tangente au cercle est la ligne qui ne le touche qu'en un point.

Il est évident qu'il n'est autre chose que la droite BS, qui touche le cercle en un seul point B, sans le rencontrer en aucun autre endroit, et que pour cette raison on appelle *tangente.*

L'angle au segment est celui qui est fait par la corde et par la tangente.

De plus il est clair que pendant que la ligne EB diminue continuellement jusqu'à s'anéantir à la fin, la droite AE, qui devient successivement AF, AH, AQ, etc., s'approche toujours de AB, et qu'elle se confond enfin avec elle. Donc l'angle à la circonférence AEB, après être devenu AFB, AHB, AQB, devient en dernier lieu l'angle ABS, fait par la corde

Sa mesure est la moitié de l'arc du segment.

AB et par la tangente BS, et cet angle, qu'on appelle *angle au segment*, doit toujours conserver la propriété d'avoir pour mesure la moitié de l'arc AGB.

Quoique cette démonstration soit peut-être un peu abstraite pour les commençants, j'ai cru à propos de la donner, parce qu'il sera très-utile à ceux qui voudront pousser leurs études jusqu'à la Géométrie de l'infini, de s'être accoutumé de bonne heure à de pareilles considérations.

Si cependant les commençants trouvaient cette démonstration au-dessus de leurs forces, il est aisé de les mettre à portée d'en découvrir une autre, en leur expliquant la principale propriété des tangentes.

La tangente est perpendiculaire au diamètre qui passe par le point d'attouchement.

19. Cette propriété est qu'une tangente au cercle dans un point quelconque B (fig. 88), doit être perpendiculaire au diamètre IDB, qui passe par ce point. Car comme la courbure du cercle est si uniforme qu'un diamètre quelconque IDB le partage en deux demi-cercles IAB, IOB, égaux et également situés à l'égard de ce diamètre, il faut que les deux parties BS, BH de la tangente commune à ces deux demi-cercles, soient aussi également situées à l'égard de ce diamètre; or cela ne saurait être sans que IDB soit perpendiculaire à la tangente HBS.

20. De là on verra facilement pourquoi l'angle au segment ABS a pour mesure la moitié de l'arc AGB.

Car l'angle ADB, joint avec les deux angles égaux DAB, DBA, fait (Ire part., n° **64**) deux angles droits. Donc la moitié de l'angle ADB, jointe avec l'angle DBA, fait un droit. Mais l'angle DBA, ajouté avec l'angle ABS, donne aussi un droit. Donc l'angle ABS est égal à la moitié de l'angle ADB. Donc la mesure de ABS sera la moitié de l'arc AGB.

21. La seconde démonstration que nous venons de donner de cette propriété du cercle, que l'angle ABS a pour mesure la moitié de l'arc AGB, fournit la solution du problème suivant.

Décrire sur AB (fig. 89 et 90) un segment de cercle capable de l'angle donné L, c'est-à-dire un segment AFB dans lequel tous les angles AFB à la circonférence soient égaux à l'angle L.

Ce que c'est qu'un segment capable d'un angle donné.

Pour résoudre ce problème, il faudra faire en A et en B les angles BAS et ABS, chacun égal à l'angle L, et élever sur AS et sur BS les deux perpendiculaires AD et BD; leur rencontre D sera le centre de l'arc cherché AFB.

Manière de faire un segment capable d'un angle donné.

Car, par le n° **19**, les droites BS et AS seront les tangentes du cercle dont le centre est D et le rayon AD ou BD, puisque BD ou AD sont perpendiculaires à BS et à AS. De plus, par le numéro précédent, l'angle ABS a pour mesure la moitié de AGB, et par le n° **15**, les angles, tels que AFB, sont aussi mesurés par la moitié de AGB. Donc ces angles AFB seront égaux à ABS, c'est-à-dire à l'angle L, ainsi qu'on le demandait.

22. La découverte des propriétés des segments de cercle, que nous venons d'expliquer, est due vraisemblablement à la simple curiosité des géomètres; mais il en a été de cette découverte comme il en est tous les jours de beaucoup d'autres : ce qu'on ne croyait pas d'abord utile le devient par la suite; on a fait dans la pratique des applications fort heureuses des propriétés du cercle que nous venons de démontrer. Je ne donnerai qu'une seule de ces applications; on la trouvera dans la solution du problème suivant, qui est souvent nécessaire dans la Géographie.

Trouver la distance d'un lieu à trois autres, dont les positions sont connues.

A, B, C (fig. 91) sont trois lieux dont on connait les distances respectives AB, BC, AC; il s'agit de savoir à quelle distance de ces lieux est un point D, d'où l'on peut les voir tous les trois, mais d'où l'on ne peut sortir pour opérer sur le terrain.

On commencera par tracer sur le papier trois points *a*, *b*, *c* (fig. 91 et 92) qui soient situés entre eux de la même manière que les trois points A, B, C, c'est-à-dire, en langage géométrique, qu'on fera le triangle *abc* semblable au triangle ABC.

Ayant observé ensuite avec le demi-cercle la grandeur des angles ADB, BDC, on fera sur *ab* le segment de cercle *bda* capable de l'angle ADB, et sur la droite *bc* le segment de cercle *bdc* capable de l'angle BDC, la rencontre *d* de ces deux segments désignera, sur le papier, la position du lieu D, c'est-à-dire que les lignes *da*, *db*, *dc*, seront en même proportion à l'égard de *ab*, *bc*, *ac*, que les distances cherchées DA, DB, DC à l'égard des distances données AB, BC, AC, ce qui n'a pas besoin de démonstration, après ce qu'on a vu sur les figures semblables.

23. On pourrait facilement faire voir que la pratique a tiré bien d'autres secours des propriétés du cercle qu'on vient de démontrer; mais il est plus à propos de passer à d'autres propriétés du cercle qui ont été tirées des précédentes, et qui ont eu aussi leur utilité.

Pour procéder par ordre à la découverte de ces propriétés, nous commencerons par remarquer que deux angles quelconques EDC, EBC (fig. 93), qui s'appuient sur le même arc EC, étant égaux, il s'ensuit que les triangles DAE, BAC ont les angles égaux, c'est-à-dire (Ire part., n° **59**) que ces triangles sont semblables.

Car par la même raison que l'angle EDC est égal à l'angle EBC, l'angle DEB sera égal à l'angle DCB; et quant aux angles DAE, BAC, ils seront visiblement égaux, soit parce qu'ils sont faits de mêmes lignes, soit parce que deux triangles, dont l'un a deux angles respectivement égaux à deux angles de l'autre, ont aussi nécessairement le troisième angle égal. (Ire part., n° **58**).

Pour reconnaître plus facilement ensuite dans les triangles ADE, ABC les propriétés générales des triangles semblables, nous appliquerons le triangle DAE (fig. 93 et 94) sur le triangle BAC, en posant AD sur AB et AE sur AC, afin que DE soit parallèle à BC. Nous nous rappellerons alors :

1° Que si deux triangles ADE, ABC sont semblables, les quatre côtés AC, AE, AB, AD sont en proportion (Ire part., n° 39).

2° Que dans toute proportion le produit des extrêmes est égal au produit des moyens (IIe part., n° 8), et nous conclurons de là que le rectangle ou le produit de AC par AD, est égal au rectangle de AE par AB; propriété du cercle très-remarquable, et qu'on peut énoncer ainsi : Si dans un cercle on tire à volonté deux droites qui se coupent, le produit des deux parties de la première est égal au produit des deux parties de la seconde.

Deux cordes se coupant dans un cercle, le rectangle des parties de l'une est égal au rectangle des parties de l'autre.

24. Si les deux droites BE, DC (fig. 95) se coupaient perpendiculairement, et que l'une de ces deux droites fût un diamètre DC, il est clair que les deux parties AB, AE de l'autre droite BE seraient égales entre elles ; de sorte que la propriété précédente s'énoncerait ainsi dans ce cas particulier : Si, sur le diamètre DC d'un cercle, on élève une perpendiculaire quelconque AB, le carré de cette perpendiculaire sera égal au rectangle de AD par AC.

Le carré d'une perpendiculaire quelconque au diamètre d'un cercle est égal au rectangle des deux parties du diamètre.

25. Il arrive souvent qu'on a besoin de changer un rectangle en un carré, le numéro précédent en fournit un moyen facile : soit ACFE (fig. 96) le rectangle proposé, on prolongera AC en D de sorte que AD soit égal à AE, et l'on décrira le demi-cercle DBC dont le diamètre soit DC. Prolongeant ensuite le côté EA jusqu'à ce qu'il rencontre le demi-cercle, on aura AB pour le côté du carré cherché ABGH, égal au rectangle donné ACFE.

Changer un rectangle en un carré.

26. On propose souvent un problème qui n'est que celui que nous venons de résoudre, présenté autrement. C'est de trouver une ligne qui soit moyenne proportionnelle entre deux lignes données ; on entend alors par la moyenne proportionnelle, la ligne qui est aussi grande, par rapport à la plus petite des deux lignes données, qu'elle est petite par rapport à la plus grande ; c'est-à-dire que si AB par exemple est moyenne proportionnelle entre AD et AC, on pourra dire que AD est à AB comme AB est à AC. Or il est bien aisé de voir que ce problème est le même que le précédent, puisque (IIe part., n° 8) le produit de AD par AC, c'est-à-dire le rectangle de ces deux lignes, sera égal au produit de AB par AB, c'est-à-dire au carré de AB.

Ce que c'est qu'une moyenne proportionnelle entre 2 lignes droites.

Donc lorsqu'on voudra trouver une moyenne proportionnelle entre deux lignes données, on changera le rectangle de ces deux lignes en un carré dont le côté sera la ligne cherchée.

Manière de la trouver.

27. On peut encore trouver une moyenne pro-

Autre manière.

portionnelle entre deux lignes, d'une autre manière qui suit de la propriété du cercle expliquée dans le n° **13**. Supposons que AC (fig. 97) soit la plus grande des deux lignes données, et AD la plus petite, on élèvera DB perpendiculairement sur AC, et le point B, où elle rencontrera le demi-cercle ABC tracé sur le diamètre AC, donnera la ligne AB, moyenne proportionnelle entre AD et AC. Car en tirant BC, il est clair que le triangle ABC sera rectangle en B. Donc (Ire part., n° **38**) ce triangle sera semblable au triangle ABD, puisque ces deux triangles ont d'ailleurs l'angle A de commun; mais si les triangles ABD et ABC sont semblables, ils ont leurs côtés proportionnels. Donc AD est à AB comme AB à AC. Donc AB est moyenne proportionnelle entre AD et AC.

Changer une figure rectiligne en un carré.

28. Si on voulait changer une figure rectiligne quelconque en un carré, il ne faudrait, pour ramener ce problème au n° **25**, que faire de cette figure un rectangle ; ce qui serait fort facile, à cause que les figures rectilignes ne sont que des assemblages de triangles, que chaque triangle est la moitié d'un rectangle qui a même base et même hauteur, et que tous les rectangles provenus des triangles ne seront plus qu'un seul rectangle, en leur donnant à tous une hauteur commune (IIe part., n° **6**).

29. Les figures dont les contours renfermeront des arcs de cercle, pourront aussi être changées en carrés, lorsqu'on aura mesuré par pratique la longueur des arcs dont elles seront composées; car on pourra alors changer ces figures, ainsi que les rectilignes, en rectangles; on aura recours pour cela aux nos **9** et **10** où l'on a appris à mesurer toutes sortes de figures circulaires.

30. On tire encore de la propriété du cercle expliquée dans le n° **24**, une méthode bien facile pour faire un carré qui soit à un carré donné, en raison donnée; problème que nous avions promis dans le n° **22** de la seconde partie.

Faire un carré qui soit à un autre en raison donnée.

Supposons par exemple qu'on se propose de faire un carré qui soit au carré ABCD (fig. 98), comme la ligne M à la ligne N; on divisera (Ire part., n° **41**) le côté CB au point E, de manière que CB soit à BE comme la ligne N à la ligne M; menant ensuite la parallèle EF à AB, le rectangle ABEF aura la même superficie que le carré demandé; donc il ne s'agira plus que de changer ce rectangle en un carré.

31. Si on veut faire un polygone HIKLM (fig. 99 et 100), qui soit à un polygone semblable ABCDE dans la raison de la ligne X à la ligne Y, on commencera par faire sur le côté AB du polygone donné ABCDE le carré ABGF; ensuite on cherchera un autre carré HIOQ, qui soit au carré ABGF, comme la ligne X à la ligne Y. Et alors décrivant sur le côté HI de ce carré un polygone HIKLM

Faire un polygone qui soit en raison donnée avec un polygone semblable.

semblable au premier ABCDE, ce nouveau polygone sera celui qu'on demande. La raison en est bien facile à trouver, si on se rappelle (1re part., n° 48) que les figures semblables sont entre elles comme les carrés de leurs côtés homologues.

Faire un cercle qui soit à un autre cercle en raison donnée.

32. Si on voulait faire un cercle dont l'aire fût à celle d'un cercle donné, comme X à Y, il faudrait construire un carré qui fût au carré du rayon de ce premier cercle comme X à Y, et le côté de ce nouveau carré serait le rayon du cercle demandé.

Si, d'un point pris hors d'un cercle, on tire deux lignes qui le traversent, les rectangles de ces deux droites par leurs parties extérieures seront égaux.

33. Voici encore une propriété du cercle tirée de celle qui a fourni les problèmes précédents.

Si d'un point A (fig. 101), pris hors d'un cercle, on mène à volonté deux droites ABC, ADE, qui coupent chacune la circonférence en deux points, et qu'on mène les droites CD, BE, les triangles ACD, AEB seront semblables, puisque l'angle A est commun aux deux triangles, et qu'ils ont d'ailleurs les angles à la circonférence C et E égaux. Or de ce que les triangles CAD, EAB sont semblables, il s'ensuit que les quatre lignes AB, AD, AE, AC sont en proportion, et par conséquent que le rectangle des deux droites AB, AC est égal au rectangle des deux droites AD, AE, ce qui peut s'exprimer ainsi : Si d'un point quelconque A, pris hors d'un cercle, on tire à volonté deux lignes droites AC, AE, qui traversent ce cercle, le rectangle de la droite AC par sa partie extérieure AB, sera égal au rectangle de la droite AE par sa partie extérieure AD.

34. Lorsque la droite qui part du point A, au lieu de couper le cercle, ne fait simplement que le toucher, ainsi que AF, la propriété précédente se change en celle-ci : Le carré d'une tangente AF est égal au rectangle produit par la sécante quelconque AE et par sa partie extérieure AD. Ce qui est bien aisé à démontrer. Car regardant la droite AF qui touche le cercle, comme une ligne qui le couperait en deux points infiniment proches, les lignes AB, AC, ne sont alors qu'une même ligne AF, et au lieu du rectangle de AB par AC, on a le carré de AF.

Le carré de la tangente est égal au rectangle de la sécante par sa partie extérieure.

35. La proposition démontrée dans le numéro précédent, en nous apprenant la valeur du carré de la tangente AF (fig. 102), ne nous apprend pas à tirer cette tangente du point donné A. Pour la tirer, on se ressouviendra (19), que le rayon FG est perpendiculaire à la tangente FA. Ainsi il ne s'agit que de trouver, sur le cercle donné, le point F tel que l'angle AFG soit droit. Donc, en décrivant sur AG un demi-cercle, le point où il coupera le cercle FKO sera (nº 13) le point cherché F.

D'un point pris hors d'un cercle, mener une tangente à ce cercle.

QUATRIÈME PARTIE.

DE LA MANIÈRE DE MESURER LES SOLIDES ET LEURS SURFACES.

Les principes que nous avons établis dans les trois premières parties de cet ouvrage pourraient nous suffire pour résoudre des problèmes beaucoup plus difficiles que ceux que nous allons nous proposer ; mais il est plus dans l'ordre que nous avons suivi précédemment, de passer maintenant à la mesure des solides, c'est-à-dire des étendues terminées, qui ont à la fois trois dimensions, longueur, largeur et profondeur.

Cette recherche a été sans doute un des premiers objets qui ait pu fixer l'attention des géomètres. On aura voulu savoir, par exemple, combien il y avait de pierres de taille dans un mur dont la hauteur AD (fig. 103), la largeur AB, et la profondeur ou épaisseur BG étaient connues. On se sera proposé de déterminer la quantité d'eau que contenait un fossé, ou un réservoir ABCD (fig. 104); on aura voulu trouver la solidité d'une tour, d'un obélisque, d'une maison, d'un clocher, etc.

Pour traiter les figures qui ont les trois dimensions, de la même manière que nous avons traité celles qui n'en ont que deux, nous commencerons par examiner les solides qui sont terminés par des plans.

Nous n'aurons pas besoin de parler de la manière de mesurer les surfaces de ces corps ; elles ne peuvent être que des assemblages de figures rectilignes, et par conséquent leur mesure dépend de ce qui a été dit dans la première partie.

1. Pour mesurer la solidité des corps, il est naturel de les rapporter tous au solide le plus simple, ainsi que pour mesurer les surfaces on les a toutes rapportées au carré. Or le solide le plus simple c'est le *cube*, qui en effet est en solide ce que le carré est en superficie ; c'est-à-dire que c'est un espace tel que *abcdefgh* (fig. 105), dont la longueur, la largeur et la profondeur sont égales, ou, ce qui revient au même, c'est une figure terminée par six faces égales qui sont des carrés.

Le cube est une figure solide terminée par 6 carrés. C'est la commune mesure des solides.

On appelle *côté du cube* le côté des carrés qui lui servent de faces.

Par un mètre cube, on entend un cube dont le côté est d'un mètre ; de même un centimètre cube est un cube dont le côté est d'un centimètre, etc.

2. Les solides qu'on a le plus communément à mesurer, sont des figures ABCDEFGH (fig. 103) terminées par six faces rectangles ABCD, CBGF, CFED, DEHA, GFEH, ABGH. On appelle ces solides des *parallélipipèdes*, parce que leurs faces opposées con-

Le parallélipipède est un solide terminé par six rectangles.

Les plans parallèles sont ceux qui conservent toujours entre eux la même distance.

servant dans tous leurs points la même distance l'une de l'autre, sont dites parallèles, de même que les lignes ont aussi été nommées parallèles, lorsqu'elles conservaient partout la même distance.

3. Or, si on se propose de mesurer des solides de cette espèce, l'analogie de ce problème avec celui où il s'est agi de la mesure des surfaces rectangles, donnera un moyen facile de le résoudre.

Mesure du parallélipipède.

On commencera par mesurer séparément la longueur AD, la largeur AB et la profondeur BG de la figure proposée, soit en mètres, soit en centimètres, etc.; on multipliera ensuite l'un par l'autre les trois nombres qu'on aura trouvés, et le produit qui viendra de cette multiplication exprimera combien le parallélipipède contiendra de mètres cubes ou de centimètres cubes, etc., suivant que les dimensions auront été mesurées en mètres ou en centimètres, etc. Pour mieux montrer comment se fait cette opération, nous allons en donner un exemple.

Supposons que la longueur AD soit de 6 mètres, la largeur AB de 5, et la profondeur BG de 4, le rectangle ABCD (Ire part., n° **11**) aura six fois 5, ou 30 mètres carrés. Si on imagine ensuite que les lignes BG, CF, DE, AH, qui mesurent toutes également la profondeur du solide, soient partagées chacune en quatre parties égales, et que par les points de division correspondants, on fasse passer autant de plans parallèles les uns aux autres; ces plans diviseront le parallélipipède proposé en quatre autres parallélipipèdes, qui auront chacun un mètre de profondeur, et qui seront tous égaux et semblables. Or l'inspection seule de la figure fait voir que le premier de ces parallélipipèdes contient 30 mètres cubes, puisque sa surface extérieure ABCD contient 30 mètres carrés. Donc le solide total ABCDEFGH contiendra quatre fois 30, ou 120 mètres cubes.

4. Nous ne nous arrêterons point à expliquer les différents moyens qu'on peut employer dans la pratique pour construire des parallélipipèdes, parce que ces moyens sont pour la plupart si aisés à trouver, qu'il n'y a personne qui ne les puisse imaginer. Mais nous donnerons la formation suivante du parallélipipède, qui est plus utile à considérer que tous les autres.

Si on conçoit qu'un carré ou rectangle ABGH se meuve parallèlement à lui-même, en sorte que ses quatre angles A, B, G, H parcourent chacun une des quatre lignes AD, BC, GF, HE perpendiculaires au plan du rectangle ABGH, ce rectangle, par le mouvement que nous venons de décrire, formera le parallélipipède ABCDEFGH.

Les parallélipipèdes sont produits par un rectangle qui se meut parallèlement à lui-même.

5. Il est presque inutile d'avertir que par une ligne *perpendiculaire* à un plan, nous entendons une ligne qui ne penche d'aucun côté sur ce plan; et de même qu'un plan qui ne penche pas plus d'un côté que d'un autre sur un second plan, est

La ligne perpendiculaire à un plan est celle qui ne penche d'aucun côté sur ce plan.

Il en est de même du plan perpendiculaire à un autre plan.

dit *perpendiculaire* à ce second plan ; ces deux définitions sont analogues à celle que nous avons donnée d'une ligne perpendiculaire à une autre ligne.

La ligne qui est perpendiculaire à un plan, est perpendiculaire à toutes les lignes de ce plan, qui partent du point où elle tombe.

6. Or il suit de là que la ligne AB (fig. 106), qui est perpendiculaire au plan X, doit être perpendiculaire à toutes les lignes AC, AD, AE, etc. qui partent du pied A de cette ligne, et qui sont dans ce plan. Car il est évident que si elle penchait sur une de ces lignes, elle serait inclinée vers quelque côté du plan. Donc elle ne lui serait pas perpendiculaire.

7. Pour se représenter d'une façon bien sensible comment la ligne AB peut être perpendiculaire à toutes les lignes qui partent de son extrémité A, on n'aura qu'à faire une figure en relief de la manière suivante :

On construira de quelque matière unie et facile à plier, comme du carton, un rectangle FGDE (fig. 107), partagé en deux parties égales par la droite AB, perpendiculaire aux côtés ED, FG ; on pliera ensuite ce rectangle, en sorte que le pli soit le long de la ligne AB (fig. 108), et on le portera tout plié sur le plan X. Il est évident que quelle que soit l'ouverture qu'on donne aux deux parties FBAE, GBAD du rectangle plié EADGBF, ces deux parties resteront toujours appliquées sur le plan X, sans que la ligne AB change de position par rapport à ce plan; cette droite AB sera donc perpendiculaire à toutes les lignes qui partent de son pied et qui seront dans le plan X, puisque les côtés AE, AD du rectangle plié s'appliqueront successivement sur chacune de ces lignes par le mouvement que nous venons de décrire.

8. On tire de la construction précédente une pratique bien commode, pour élever d'un point donné sur un plan une ligne perpendiculaire à ce plan, ou pour abaisser d'un point pris hors d'un plan, une ligne qui soit perpendiculaire à ce plan. Car que le point proposé soit dans le plan, en A (fig. 109) par exemple, ou qu'il soit hors du plan comme en H, on pourra toujours faire avancer le rectangle EFBGDA sur le plan X, jusqu'à ce que le pli AB touche le point donné, et AB deviendra dans les deux cas la perpendiculaire demandée.

Manière simple d'élever ou d'abaisser des lignes perpendiculaires à des plans.

9. Il suit aussi de là qu'une ligne AB sera perpendiculaire à un plan X, toutes les fois qu'elle sera perpendiculaire à deux lignes AE et AD de ce plan. Car alors AB pourra être regardée comme le pli d'un rectangle dont l'un des côtés pliés s'appliquerait sur AE et l'autre sur AD. Or ce pli ne pourrait manquer d'être perpendiculaire au plan X.

Une ligne sera perpendiculaire à un plan, si elle est perpendiculaire à 2 lignes de ce plan, qui partent du point où elle tombe.

10. Si on veut élever sur une ligne quelconque KL, un plan perpendiculaire au plan X dans lequel est cette ligne, on pourra se servir encore

pour cela du rectangle plié GBFEAD. Car il ne faudra que poser sur la ligne KL le côté AD d'une des parties ADGB de ce rectangle plié, et le plan de cette partie ADGB sera celui qu'on demande.

Manière d'élever un plan perpendiculaire à un autre.

11. On verra facilement que si on posait un troisième plan Y (fig. 110) sur les deux côtés EB et BG du même rectangle plié, ce plan Y serait encore perpendiculaire à la ligne AB, et par conséquent parallèle au plan X.

Mener un plan parallèle à un autre.

Donc si à un plan X on élève trois perpendiculaires EF, AB, DG d'égale longueur, et qui ne soient pas posées en ligne droite, le plan Y qui passera par les trois points F, B, G sera nécessairement parallèle au plan X.

12. Lorsque deux plans ne seront pas parallèles, il sera facile de connaître l'angle qu'ils feront entre eux, en se servant encore de notre rectangle plié. Pour en venir à bout, nous appliquerons l'une des deux parties ABGD (fig. 111) de ce rectangle sur le plan X; il est évident que l'angle EAD, ou son égal FBG, mesurera l'inclinaison du plan EABF sur le plan DABG. Or si on remarque que AB est la commune section de ces plans, et que EA et AD sont chacune perpendiculaires à AB, on en tirera sans peine la règle suivante :

Mesurer l'inclinaison d'un plan sur un autre.

Deux plans qui ne sont pas parallèles étant donnés, il faut commencer par trouver la ligne droite qui est leur commune section; ensuite d'un point quelconque de cette ligne on lui mènera deux perpendiculaires, qui soient chacune dans un de ces plans, et l'angle que feront entre elles ces deux perpendiculaires mesurera l'angle que les deux plans donnés font entre eux.

Mesurer l'inclinaison d'une ligne sur un plan.

13. Comme on s'aperçoit sans peine que, pendant le mouvement de ABFE autour du pli AB, la droite AE, dont l'extrémité E décrit un arc de cercle ED, ne sort jamais d'un plan EAHD perpendiculaire au plan X, et que l'inclinaison de la droite EA sur le plan X n'est autre chose que l'angle EAD, on découvre encore très-facilement que l'inclinaison d'une droite quelconque EA sur le plan X, est mesurée par l'angle EAH fait entre cette ligne et la ligne AD, qui passe par A et par le point H du plan X, où tombe la perpendiculaire EH abaissée sur ce plan d'un point quelconque E de la droite AE.

14. L'inspection seule de la figure dont on vient de se servir dans le numéro précédent, fournit un nouveau moyen d'abaisser d'un point E, hors d'un plan X, une ligne EH perpendiculaire à ce plan.

Autre manière d'abaisser une ligne perpendiculaire à un plan donné.

Ayant tiré une ligne quelconque BAS dans le plan X, on abaissera du point donné E la perpendiculaire EA à cette ligne. Cela fait, du point A où cette perpendiculaire tombe, on élèvera dans le plan X la perpendiculaire AD à AB ; et abaissant ensuite du point donné E, à la droite AD, la perpendiculaire EH, cette ligne sera la perpendiculaire au plan X.

Seconde manière d'élever une ligne perpendiculaire à un plan donné.

15. On tire de là une seconde façon d'élever à un plan X une perpendiculaire MN, d'un point M donné sur ce plan.

Ayant abaissé d'un point quelconque E pris hors du plan X, la perpendiculaire EH à ce plan, on mènera par le point donné M la droite MN qui soit parallèle à HE, et elle sera la perpendiculaire au plan X.

Le prisme droit est une figure solide, dont les 2 bases opposées sont 2 polygones égaux, et les autres faces des rectangles.

16. Après le parallélipipède, le solide le plus simple est le prisme droit : c'est une figure ABCDEFGHIKLM (fig. 112), dont les deux bases opposées et parallèles sont deux polygones égaux et tellement placés que les côtés GF, FE, etc. de l'un soient parallèles aux côtés BC, CD, etc. de l'autre, et dont les autres faces sont des rectangles ABGH, BGFC, etc.

Formation des prismes droits.

17. Les géomètres supposent ces figures formées, ainsi que les parallélipipèdes, par une base ABCDLM qui se meut parallalèlement à elle-même, de façon que ses angles A, B, etc. suivent des lignes perpendiculaires au plan de la base.

18. Pour distinguer les différentes espèces de prismes droits, on ajoute le nom du polygone qui leur sert de base. Le prisme hexagonal par exemple est celui dont la base est un hexagone.

19. Pour trouver la manière de mesurer toutes sortes de prismes droits, on observera d'abord que de deux prismes droits, dont les bases seraient égales, celui qui aurait une plus grande hauteur serait plus grand en solidité dans la même raison que sa hauteur serait plus grande.

Deux prismes qui ont des bases égales sont en même raison que leurs hauteurs.

20. On remarquera ensuite que deux prismes droits, qui auraient la même hauteur, mais dont l'un aurait une base qui contiendrait un certain nombre de fois la base de l'autre, seraient entre eux dans la même raison que leurs bases. La vérité de cette proposition s'aperçoit facilement en faisant attention à la formation des prismes expliquée dans le n° **17**.

Deux prismes qui ont la même hauteur sont en même raison que leurs bases.

Que *abcdefghiklm* et ABCDEFGHIKLM (fig. 112 et 113) soient les deux prismes qui ont la même hauteur, et que la base *abcdlm* du plus petit soit par exemple le quart de la base ABCDLM. Puisque les deux prismes sont produits par les mouvements de ces deux bases, il s'ensuit qu'un plan quelconque qui sera parallèle au plan où sont les deux bases, coupera dans les deux prismes deux polygones, dont chacun sera égal à la base du prisme où il sera coupé ; c'est-à-dire que la section du grand prisme sera toujours quadruple de celle du petit. Donc le prisme ABCDEFGHIKLM pourra être regardé comme composé de tranches toutes quadruples de celles du prisme *abcdefghiklm*, et par conséquent la solidité du premier prisme sera quadruple de celle du second.

21. Après ces deux remarques, il ne sera pas difficile de former la règle suivante pour mesurer tous les prismes droits :

La mesure du prisme droit est le produit de sa base par sa hauteur.

On mesurera d'abord en mètres carrés, ou en centimètres carrés, etc. l'aire de la base du prisme proposé, ensuite on multipliera le nombre qu'on aura trouvé, par le nombre des mètres, ou des centimètres, etc. que contiendra la hauteur du prisme, et le produit donnera le nombre de mètres cubes, ou de centimètres cubes, etc. contenus dans le prisme proposé, et sera par conséquent sa mesure.

Les prismes obliques diffèrent des prismes droits en ce que les faces qui sont des rectangles dans ceux-ci, sont des parallélogrammes dans ceux-là.

22. Le nom de prisme se donne encore aux solides (fig. 115) qui ont deux bases polygonales égales, ainsi que les précédents, mais dont les autres faces sont des parallélogrammes, au lieu d'être des rectangles. Pour distinguer ces nouveaux prismes de ceux dont nous venons de parler, on les appelle des *prismes obliques*, par opposition aux autres qu'on avait nommés des *prismes droits*.

Formation des prismes obliques.

23. On conçoit les prismes obliques formés par une base *abcki*, qui se meut parallèlement à elle-même, et de telle façon que ses angles suivent des lignes parallèles *ag*, *bh*, *cd*, etc. qui s'élèvent hors du plan de la base, et qui ne lui sont point perpendiculaires.

24. L'analogie qu'il y a entre cette formation et la formation des prismes droits dont nous avons parlé (nº **17**) donne facilement la mesure de la solidité des prismes obliques ; car si on imagine à côté d'un prisme oblique *abcdefghik* (fig. 114 et 115) un prisme droit ABCDEFGHIK qui ait la même base et que ces deux prismes soient renfermés entre deux plans parallèles, on verra que la solidité de ces deux corps sera absolument la même.

Car, si par un point quelconque P de la hauteur on fait passer un plan parallèle à la base, les sections NOPQR, *nopqr* que ce plan formera dans chacun des deux prismes, pourront être regardées comme les bases égales ABCKI, *abcki*, arrivées en NOPQR, *nopqr* par le mouvement qui forme ces deux prismes ; et ainsi ces deux sections seront des polygones égaux.

Or si toutes les tranches imaginables qu'on peut former dans ces deux prismes par des mêmes plans coupants sont égales, il faudra que les assemblages de ces tranches, c'est-à-dire les prismes, soient égaux aussi.

Les prismes obliques sont égaux aux prismes droits lorsqu'ils ont même base et même hauteur.

On énonce ordinairement ainsi cette proposition : les prismes obliques sont égaux aux prismes droits lorsqu'ils ont même base et même hauteur. On appelle la *hauteur* du prisme la perpendiculaire abaissée du plan supérieur sur l'inférieur, ou sur son prolongement.

25. Et comme les parallélipipèdes doivent être mis au nombre des prismes, on étendra ce que nous venons de dire des prismes aux parallélipi-

Il en est de même des parallélipipèdes obliques à l'égard des parallélipipèdes droits.

pèdes obliques, c'est-à-dire aux figures *abcdefgh* (fig. 116 et 117), produites en faisant mouvoir un carré, un rectangle, ou même un parallélogramme, de manière que ses quatre angles suivent des lignes parallèles, qui s'élèvent obliquement de la base. Ainsi le parallélipipède oblique *abcdefgh* sera égal au parallélipipède droit ABCDEFGH, si la base *abgh* est la même, ou a la même superficie que la base ABGH, et si la perpendiculaire abaissée du plan *dcfe* sur le plan *abgh* est égale à la perpendiculaire abaissée du plan DCFE sur le plan ABGH.

Les pyramides sont des corps renfermés par un certain nombre de triangles qui partent tous d'un même sommet, et qui se terminent à une base polygonale quelconque.

26. Ayant vu ce qui concerne les parallélipipèdes et les prismes, examinons maintenant les *pyramides*, c'est-à-dire les corps tels que ABCDEFG (fig. 118), renfermés par un certain nombre de triangles qui partent tous d'un même sommet A, et qui se terminent à une base polygonale quelconque BCDEFG. Il est nécessaire de considérer ces sortes de solides, non-seulement parce qu'on en rencontre dans les bâtiments et dans les autres ouvrages à construire, mais parce que tous les solides terminés par des plans sont des assemblages de pyramides, ainsi que les figures rectilignes sont des assemblages de triangles. Il ne faut, pour s'en assurer, que tirer d'un point pris où l'on voudra dans l'intérieur du corps proposé, des lignes à tous les angles de ce corps.

Elles prennent le nom de leur base.

27. On distingue les pyramides les unes des

autres, ainsi que les prismes, par le nom de la figure qui leur sert de base.

28. Lorsque la pyramide a pour base une figure régulière, et que son sommet répond perpendiculairement au centre H de sa base, ainsi que dans la figure 118, la pyramide est alors appelée *pyramide droite*; elle est nommée, au contraire, *pyramide oblique*, lorsque le sommet n'est pas perpendiculairement au-dessus du centre, ainsi que dans la figure 120.

On les distingue en pyramides droites et en obliques.

29. Pour découvrir la manière de mesurer toutes sortes de pyramides, tant droites qu'obliques, nous commencerons par faire sur ces figures quelques réflexions générales, auxquelles on est conduit par la connaissance des propriétés des prismes.

Lorsqu'on fait attention à l'égalité des prismes qui ont même base et même hauteur, il est naturel qu'on se rappelle que les parallélogrammes sont aussi égaux entre eux lorsqu'ils ont ces mêmes conditions, et qu'il en est encore de même des triangles. Ces trois vérités se présentant à la fois à l'esprit, l'analogie doit porter à croire que les propriétés qui sont communes aux parallélogrammes et aux triangles, peuvent l'être aussi aux prismes et aux pyramides; on doit donc soupçonner que les pyramides qui ont même base et même hauteur, ont la même solidité.

30. Les réflexions suivantes confirmeront ce soupçon.

Soient ABCDE, *abcde* (fig. 119 et 120) deux pyramides, dont les hauteurs AH, *ah*, soient les mêmes, et dont les bases soient deux figures égales, par exemple deux carrés égaux BCDE, *bcde;* si on conçoit que ces deux pyramides soient coupées par une infinité de plans parallèles à leurs bases, on imaginera sans peine que ces coupes de pyramide donneront des carrés égaux IKLM, *iklm*, et par conséquent que les deux pyramides peuvent être regardées comme des assemblages d'un même nombre de tranches, qui dans ces deux pyramides seront égales chacune à sa correspondante. Donc, conclura-t-on, la somme des tranches est la même de part et d'autre; c'est-à-dire que les deux pyramides ont la même solidité.

Si les bases des deux pyramides étaient d'autres polygones réguliers ou irréguliers BCDEF, *bcdef* (fig. 121 et 122) égaux entre eux, il n'y a personne qui ne pensât encore que toutes les tranches IKLMN, *iklmn* de l'une et de l'autre de ces deux pyramides devraient être égales entre elles; et qui n'en conclût par conséquent que les pyramides auraient toujours la même solidité lorsqu'elles auraient même base et même hauteur.

31. Tout cela est aisé à imaginer après la démonstration que nous avons donnée de l'égalité des prismes qui ont même hauteur; cependant la similitude entre la tranche quelconque IKLMN d'une pyramide et la base BCDEF, et l'égalité des tranches IKLMN et *iklmn*, sont de ces propositions qui, quoique sensibles pour tout le monde, ont à la rigueur besoin d'une démonstration ; or, pour trouver cette démonstration, on est obligé d'entrer dans plusieurs considérations sur la similitude des figures solides.

32. Reprenons la pyramide ABCDEF (fig. 121), et supposons-la coupée par un plan IKLMN parallèle à la base ; nous allons démontrer que la section, ou la coupe formée par ce plan dans la pyramide, est un polygone parfaitement semblable au polygone BCDEF ; et que la pyramide AIKLMN est elle-même entièrement semblable à la pyramide ABCDEF, c'est-à-dire que les angles que forment toutes les lignes de ces deux figures sont respectivement égaux, et que tous les côtés de la petite pyramide auront le même rapport entre eux que ceux de la grande.

En quoi consiste la similitude de 2 pyramides.

33. Commençons par observer que si deux plans X et Y (fig. 123) sont parallèles, et que deux lignes quelconques ALD, AME partant d'un même point A, traversent ces deux plans, les droites LM, DE, qui joindront les points L, M, D, E, seront parallèles. La raison en est que si ces deux lignes n'étaient pas parallèles, elles se rencontreraient quelque part étant prolongées ; mais si elles se rencontraient, les plans dans lesquels elles sont et dont elles ne peuvent pas sortir, en les prolongeant autant qu'il serait nécessaire, se rencontreraient donc aussi. Donc ils ne seraient pas parallèles, ainsi qu'on le suppose.

54. Si on suppose donc que le plan IKLMN (fig. 121) soit parallèle au plan BCDEF, il s'ensuivra que toutes les lignes ML, LK, KI, IN, NM, seront parallèles aux lignes ED, DC, CB, BF, FE, et par conséquent que les triangles ALM, AKL, AIK, etc. seront semblables aux triangles ADE, ACD, ABC, etc. Si on prend l'un des côtés de ces triangles, AM par exemple, pour commune mesure ou pour échelle de tous les côtés de la petite pyramide, pendant que le côté correspondant AE servira d'échelle aux côtés de la grande, on verra sans peine que les côtés ML, LK, KI, etc. du polygone IKLMN seront proportionnels aux côtés ED, DC, CB, etc. du polygone BCDEFG.

On verra aussi facilement que tous les angles IKL, KLM, etc., seront respectivement égaux aux angles BCD, CDE, etc., puisque les premiers seront formés par des lignes parallèles aux côtés des seconds. Donc les deux polygones IKLMN, BCDEF seront semblables.

55. Or les côtés AM, AL, AK, etc. étant proportionnels aux côtés AE, AD, AC, etc., et les angles ALM, ALK, etc. respectivement égaux aux

angles ADE, ADC, etc., à cause de la ressemblance des triangles ALM et ADE, ALK et ADC, etc., les deux pyramides AIKLMN, ABCDEF seront entièrement semblables.

36. Enfin si on mène du point A, AH perpendiculaire au plan sur lequel est construit le polygone BCDEF, et que Q soit le point où cette perpendiculaire rencontre le plan du polygone IKLMN, il est clair que les droites AQ, AH, hauteurs des deux pyramides AIKLMN, ABCDEF, seront entre elles dans la même raison que les côtés homologues AM, AE, AL, AD, etc.; ou, ce qui revient au même, que si on prend les hauteurs AQ, AH pour les échelles des deux pyramides, les côtés AM, AL, etc. contiendront autant des parties de AQ, que les côtés AE, AD, etc. contiendront des parties de AH.

37. Qu'on revienne maintenant à considérer les deux pyramides ABCDEF, *abcdef* (fig. 121 et 122) à la fois, on verra que les deux tranches IKLMN, *iklmn* étant semblables aux bases BCDEF, *bcdef*, qui sont les mêmes, elles seront semblables entre elles. On verra de plus que ces deux tranches seront égales entre elles, puisque les échelles de ces deux figures sont les droites égales AQ, *aq*, hauteurs des pyramides AIKLMN, *aiklmn*.

Les pyramides qui ont même base et même hauteur sont égales.

Donc sans connaître quelle est la solidité des pyramides, on sait déjà avec certitude que si elles ont même hauteur et même base, elles sont égales, ainsi que nous l'avions soupçonné (nº **29**).

Deux pyramides sont encore égales, si ayant même hauteur, leurs bases, sans être des polygones semblables, sont égales en superficie.

38. Si les bases des deux pyramides, au lieu d'être les mêmes, étaient seulement égales en superficie, les pyramides seraient encore égales en solidité; car soit *abcdef* et *arst* (fig. 122 et 124) deux pyramides qui ont la même hauteur *ah*, si on coupe ces deux pyramides par un plan quelconque parallèle à la base, il est évident qu'il y aura même rapport de l'aire *iklmn* à l'aire *bcdef*, que de l'aire *uxy* à l'aire *rst*, puisque *iklmn*, *bcdef* étant (nº **34**) des figures semblables, elles ne diffèrent (Ire part., nº **48**) que par leurs échelles *aq*, *ah*, etc.; et que les figures *uxy*, *rst* étant aussi semblables, elles ne diffèrent non plus que par leurs échelles, qui sont encore les lignes *aq*, *ah*.

Mais si les bases *rst*, *bcdef* sont égales en superficie, leurs parties proportionnelles *uxy*, *iklmn* seront donc égales. Donc toutes les tranches des deux pyramides *arst*, *abcdef* auront la même étendue. Donc leurs assemblages, c'est-à-dire les pyramides mêmes, seront égales en solidité.

Les pyramides qui ont la même hauteur sont entre elle comme leurs bases.

39. Si la base *bcdef* de la première pyramide contenait un certain nombre de fois la base *rst*, la solidité de la première pyramide *abcdef* contiendrait le même nombre de fois la solidité de la seconde *arst*.

Car en ce cas la base *bcdef* étant divisée en plusieurs parties, dont chacune fût égale à la base *rst*, on pourrait concevoir la pyramide *abcdef* comme composée de plusieurs autres pyramides, qui auraient pour bases les parties de *bcdef*. Or chacune de ces nouvelles pyramides serait égale à la seconde pyramide *arst*, selon ce que nous avons prouvé dans le numéro précédent. Donc, etc.

Que si la base *rst* n'était pas contenue exactement dans la base *bcdef*, mais que ces deux bases eussent une mesure commune X, on diviserait chacune des deux bases *bcdef*, *rst* en des parties égales à X, et on verrait que les deux pyramides *abcdef*, *arst* seraient composées d'autant de pyramides nouvelles, toutes égales entre elles, que les deux bases contiendraient de parties X. Donc les pyramides *abcdef*, *arst* seraient entre elles comme leurs bases.

Et si les bases étaient incommensurables, on ferait toujours voir, malgré cela, que les pyramides seraient entre elles en même raison que leurs bases, en se servant d'une induction semblable à celle qu'on a employée dans un pareil cas (IIe part., n° 28), lorsqu'il s'agissait de comparer les figures dont les côtés étaient incommensurables, c'est-à-dire qu'on diminuerait à l'infini la mesure X, de façon qu'elle pût être censée mesure commune, tant de la base *rst* que de la base *bcdef*.

40. Ayant découvert que les pyramides qui ont même hauteur sont en même raison que leurs bases, on doit sentir que la mesure de leur solidité ne renferme plus que très-peu de difficulté.

Car il ne s'agit plus que de savoir mesurer une seule pyramide, pour mesurer toutes les autres. Supposons par exemple que nous sachions mesurer la pyramide ABCDE (fig. 125 et 126), et qu'on nous demande la mesure de la pyramide ASTVXY, qui n'a ni la même base ni la même hauteur que la première; nous commencerons par faire une pyramide semblable à la pyramide ABCDE, et qui ait la hauteur de la pyramide ASTVXY, ce qui sera bien aisé ; car il suffira (n° 35) de prolonger les côtés AB, AC, AD, AE, et de les couper par le plan LMNO, dont la distance AG au sommet A, soit égale à la hauteur AO.

Cela fait, puisque par la supposition nous savons mesurer la pyramide ABCDE, il est évident que nous saurions mesurer aussi la pyramide ALMNO, qui lui est semblable; car quelles que soient les opérations par lesquelles on mesure la pyramide ABCDE, on pourra toujours faire les mêmes opérations pour mesurer la pyramide semblable ALMNO, à cela près qu'on emploiera dans celle-ci une échelle différente.

Supposons donc que la pyramide ALMNO soit mesurée, sa mesure déterminera aussi celle de la pyramide proposée ASTVXY; car par le numéro précédent ces deux pyramides sont entre elles comme leurs bases LMNO, STVXY, et nous avons d'ailleurs enseigné dans la seconde partie à trouver le rapport de ces deux bases.

41. Puisqu'il ne s'agit donc que de mesurer une seule pyramide, pour savoir mesurer toutes les autres pyramides imaginables, proposons-nous-en une extrêmement simple, qu'on peut former en tirant des quatre angles A, B, C, H (fig. 127) d'une des faces d'un cube ABCDEFGH, quatre lignes au point O, centre de ce cube; c'est-à-dire le point également distant de A, D, B, E, etc.

On voit sans peine que cette pyramide est la sixième partie du cube, puisqu'on peut décomposer le cube en six pyramides pareilles, en prenant chaque face pour base. Or la valeur du cube est le produit de la hauteur AF par la base ABCH. Donc, pour avoir la valeur de la pyramide, il faudra partager le produit de AF par ABCH en six parties égales; ou, ce qui revient au même, il faudra multiplier la sixième partie de la hauteur AF par la base ABCH; et comme la sixième partie de la hauteur AF est le tiers de la hauteur OL de la pyramide OABCH, puisque sa hauteur OL est la moitié du côté du cube, il s'ensuit que la mesure de la pyramide OABCH est le produit du tiers de sa hauteur par sa base.

42. Supposons présentement qu'on ait à mesurer une pyramide quelconque OKMNSTV (fig. 128), on imaginera un cube dont le côté AB ou AF soit double de la hauteur OL de la pyramide proposée, et on concevra dans ce cube, une pyramide OABCH, dont la pointe soit au centre, et qui ait pour base une des faces ABCH du cube. Cette nouvelle pyramide aura même hauteur que la première; et par conséquent (n° 39) la solidité de OABCH sera à celle de OKMNSTV, comme la base ABCH à la base KMNSTV; or par le numéro précédent le produit du tiers de la hauteur commune OL par la base ABCH, est la valeur de la pyramide OABCH; donc le produit du tiers de la même hauteur commune OL par la base KMNSTV, sera la valeur de la pyramide proposée OKMNSTV.

La solidité d'une pyramide quelconque est le produit de sa base par le tiers de sa hauteur.

Et par là on découvre ce théorème général, qu'une pyramide a pour mesure le produit de sa base par le tiers de sa hauteur.

La pyramide est le tiers du prisme qui a même base et même hauteur.

43. Comme nous avons vu (**21**) que la solidité d'un prisme est le produit de sa base par sa hauteur, il est clair par le numéro précédent, que les pyramides seront toujours le tiers des prismes qui auront même base et même hauteur.

44. Après avoir mesuré tous les solides terminés par des plans, nous allons chercher le chemin qu'on peut avoir suivi pour mesurer les solides dont les surfaces sont courbes. Et comme nous n'avons traité dans la troisième partie que des figures dont les contours ne renferment d'autres courbes que le cercle, nous n'examinerons que les corps dont les courbures sont circulaires.

Dans l'examen de ces corps nous aurons deux objets, la mesure de leurs surfaces et celle de leurs solidités; car ces surfaces étant ou entièrement courbes, ou en partie planes et en partie courbes, nous ne pourrons renvoyer leur mesure à la première partie, ainsi que nous l'avons fait des corps terminés par des plans.

Le cylindre est un solide terminé par 2 bases opposées et parallèles, qui sont des cercles égaux, et par un plan plié autour de leurs circonférences.

45. Le plus simple de tous les solides courbes est le *cylindre*; c'est un corps comme ABCDEF (fig. 129 et 130), dont les deux bases ABC, DEF sont deux cercles égaux et parallèles, joints par une surface courbe qu'on peut imaginer formée par un plan plié autour de leurs circonférences.

On distingue le cylindre droit, et le cylindre oblique.

Lorsque les deux cercles sont placés de façon que le centre G (fig. 129) du premier réponde perpendiculairement au-dessus du centre H du second, le cylindre se nomme *droit*.

Le cylindre se nomme au contraire *oblique*, lorsque la ligne tirée par les deux centres G et H (fig. 130) est oblique à l'égard des plans ABC, DEF.

Formation du cylindre.

46. La formation géométrique de ces solides, analogue à celle des prismes et des parallélipipèdes dont il a été parlé (nº **17**), consiste à faire mouvoir un cercle parallèlement à lui-même, en sorte que tous ses points décrivent des lignes droites parallèles qui s'élèvent hors du plan de ce cercle.

47. On parviendra, de la manière suivante, à mesurer la surface d'un cylindre droit; ce qui est souvent nécessaire dans la pratique.

Les deux circonférences ABC, DEF (fig. 129) étan partagées chacune en un même nombre de parties égales, les points de division répondant les uns audessus des autres, qu'on tire des lignes droites qui joignent les angles correspondants des deux polygones réguliers que donne cette opération, il est clair qu'on aura alors un prisme dont la superficie sera composée d'autant de rectangles renfermés dans la surface du cylindre, qu'il y a de côtés renfermés dans chacune des circonférences ABC, DEF. Or tous ces rectangles ayant chacun leur hauteur égale à AD, leur mesure totale sera le produit de la hauteur AD par la somme de toutes les bases, c'est-à-dire par le contour du polygone renfermé ou inscrit dans le cercle DEF ou ABC.

La surface courbe d'un cylindre droit est égale à un rectangle qui a la même hauteur, et dont la base est égale à sa circonférence.

Mais comme à mesure que le nombre des côtés de ce polygone sera plus grand, le contour du polygone approchera de plus en plus d'être égal à la circonférence, et la surface du prisme d'être égale à celle du cylindre; il s'ensuit que si on imagine que le nombre des côtés de ce polygone devienne infini, le prisme ne différera pas du cylindre. La surface courbe du cylindre droit est donc égale à un rectangle dont la hauteur serait AD et la base une ligne droite égale à la circonférence DEF.

Cette proposition peut servir à trouver, par exemple, ce qu'il faudrait d'étoffe pour envelopper un pilier cylindrique ou pour tapisser le dedans d'une tour ronde.

48. Quant à la surface du cylindre oblique, on ne peut pas la mesurer de la même manière, parce qu'au lieu de rectangles on aurait des parallélogrammes de hauteurs différentes. Ce n'est que par des méthodes très-compliquées et très-difficiles qu'on est parvenu à connaître seulement la valeur approchée de cette surface ; et les problèmes de ce genre ne sont pas du ressort des éléments.

49. A l'égard de la solidité des cylindres, soit droits, soit obliques, rien ne sera plus aisé que de la trouver. Car il est évident que tout ce que nous avons dit des prismes conviendra aux cylindres si on regarde les cylindres comme les derniers des prismes qu'on peut leur inscrire.

Les cylindres qui ont même base et même hauteur, sont égaux en solidité.

Ainsi les cylindres qui auront même base et même hauteur seront égaux en solidité.

La mesure d'un cylindre quelconque est le produit de sa base par sa hauteur.

50. Et la mesure d'un cylindre quelconque consistera dans le produit de sa base par sa hauteur.

Le cône est une espèce de pyramide, dont la base est un cercle.

51. Le *cône* est le solide courbe le plus simple après le cylindre ; c'est une figure comme ABCDE (fig. 131 et 132), dont la base est un cercle et dont la surface est composée d'une infinité de lignes droites qui aboutissent toutes du sommet A à la circonférence BCDE de ce cercle. On peut regarder

ce solide comme une pyramide dont la base serait un cercle.

On distingue le cône droit, et le cône oblique.

52. Si, comme dans la figure 131, la pointe ou sommet A du cône répond perpendiculairement au-dessus du centre O de la base, le cône est nommé *cône droit*; et il est nommé *oblique* si le sommet répond à un point différent du centre de la base, ainsi que dans la figure 132.

La surface d'un cône droit se mesure en multipliant la moitié de son côté par la circonférence de sa base.

53. Pour mesurer la surface d'un cône droit ABCDE (fig. 131), on le regardera comme la dernière des pyramides qu'on peut lui inscrire; c'est-à-dire qu'on divisera la circonférence de sa base BCDE, ainsi qu'on a fait de la circonférence du cylindre, en une infinité de petits côtés; et tirant des lignes de tous les angles au sommet du cône A, on trouvera que la superficie conique est un assemblage d'une infinité de petits triangles isocèles, dont la hauteur est égale au côté AB du cône, et dont toutes les bases ajoutées ensemble sont égales à la circonférence BCDE; d'où il est aisé de voir que la mesure de cette surface se trouvera en multipliant la moitié de AB par la circonférence BCDE.

54. Si on se rappelle maintenant que la surface d'un secteur de ce cercle est (IIIe part., n° **10**) égale au produit de l'arc de ce secteur par la moitié du rayon, on verra que pour envelopper le cône droit ABCDE d'une surface pliante, comme du carlon, etc., il faudrait prendre un secteur de cercle dont le rayon fût égal à AB, et dont l'arc fût égal à la circonférence BCDE.

Le développement d'un cône est un secteur de cercle.

55. Lorsque le cône est oblique, la mesure de sa surface, ainsi que celle du cylindre oblique, est fort difficile à connaître même d'une manière approchée; et c'est encore un problème au-dessus des Éléments.

56. Quant à la solidité des cônes, soit droits, soit obliques, on les regardera comme les dernières des pyramides qu'on pourrait leur inscrire, et on pourra leur appliquer en conséquence ce qu'on a dit des pyramides en général.

Les cônes de même base et de même hauteur sont égaux.

Ainsi les cônes qui auront même base et même hauteur seront égaux.

Leur mesure est le produit de la base, par le tiers de la hauteur.

57. Et la solidité d'un cône quelconque sera le produit de la base par le tiers de sa hauteur.

58. On a quelquefois besoin de mesurer un corps comme BCDEFGH (fig. 133 et 134), qu'on appelle cône tronqué; c'est la partie qui reste d'un cône AFGH, lorsqu'on en a retranché un autre cône plus petit ABCDE, par une section parallèle à la base FGH. Il est évident que la mesure de ce solide sera la différence entre les solidités des deux cônes ABCDE, AFGH.

59. Quant à la surface d'un cône tronqué, s'il a

été formé par la section d'un cône droit, on peut trouver quelque chose de plus simple que de mesurer séparément les surfaces de deux cônes, et de retrancher l'une de l'autre ; on emploiera pour cela la méthode suivante, qui est aisée à imaginer, après ce que nous avons dit (nº 54).

Supposons que ALR (fig. 134 et 135) soit le secteur qu'il faudrait construire pour pouvoir envelopper le cône AFGH ; en décrivant, du centre A et de l'intervalle AM égal à AB, un arc MP, il est clair que l'espace MPRL serait une portion de couronne propre à envelopper la surface cherchée du cône tronqué. Or si on imagine que les deux circonférences dont MP et LR sont les arcs semblables, soient achevées, on aura une couronne entière, dont la mesure (IIIe part., nº 8) sera le produit de ML égal à BF par la circonférence dont AN est le rayon, N étant le milieu de ML. Donc la portion de couronne MPRL, ou la surface du cône tronqué BCDEFGH qui lui est égale, se mesurera en multipliant ML par l'arc NQ ; ou, ce qui revient au même, en multipliant BF par la circonférence IKL, que donne la section du solide proposé par un plan parallèle à la base, et qui passe par le milieu I du côté BF.

Manière de mesurer la surface d'un cône tronqué.

La sphère est le corps dont la surface a tous ses points également éloignés du centre.

60. Le dernier des corps solides que nous traiterons, se nomme *sphère* ou *globe* ; c'est celui dont la surface a tous ses points également éloignés d'un même point qui en est le *centre*. On a souvent be-

soin de mesurer cette surface ; on voudra savoir, par exemple, ce qu'il faudrait de dorure pour une boule, combien on devrait prendre de lames de plomb pour couvrir un dôme, etc.

61. Soit X (fig. 136) la sphère dont on veut mesurer la superficie, il est évident qu'on peut concevoir ce solide comme produit par la révolution d'un demi-cercle AMB autour de son diamètre AB.

Supposons d'abord qu'au lieu de la demi-circonférence, nous ayons un polygone régulier d'un nombre infini de petits côtés, ou, si on veut, d'un très-grand nombre de côtés, et proposons-nous seulement de mesurer la surface Z (fig. 137), produite par la révolution de ce polygone. Il sera facile de passer ensuite de la mesure de cette surface à la mesure de la surface de la sphère, ainsi que nous avons passé de la mesure des figures rectilignes à celle du cercle.

62. Pour mesurer la surface du solide Z, examinons la petite partie de cette surface que produit un seul côté quelconque M*m* du polygone inscrit, pendant qu'il tourne autour du diamètre AB. Il est évident que ce côté M*m* décrit dans ce mouvement une surface de cône tronqué V (fig. 138). Car en prolongeant la droite *m*M jusqu'à ce qu'elle rencontre en T le diamètre ou axe de révolution AB, si cette ligne TM*m* tourne en même temps que le demi-cercle AMB, elle décrira visiblement un cône droit, dont le sommet sera T, et la base le cercle décrit par le point *m*, en sorte que la surface V, produite par le mouvement de M*m* sera une tranche de ce cône, enfermée entre les plans des cercles que les points M et *m* décrivent en tournant. Mais, selon que nous l'avons vu (n° 59), la surface V est égale à un rectangle dont M*m* est la hauteur, et la base une ligne égale à la circonférence KLO, décrite par le point K, milieu de M*m*. Donc la surface produite par la révolution du polygone est égale à la somme d'autant de rectangles de cette nature qu'il y a de côtés dans ce polygone, tels que M*m*.

Or comme tous les côtés M*m*, hauteurs de ces rectangles, sont supposés égaux, on pourrait regarder la surface cherchée comme un rectangle total qui aurait la hauteur M*m*, avec une base égale à la somme de toutes les circonférences telles que KLO, c'est-à-dire décrites par le point de milieu de chaque petit côté.

Mais le polygone inscrit dans le demi-cercle AMB, ayant un très-grand nombre de côtés, la petitesse de la hauteur M*m*, et la grandeur excessive de la base, rendent ce rectangle inconstructible.

Pour remédier à cet inconvénient il est bien aisé d'imaginer de changer tous ces petits rectangles en d'autres qui auraient toujours une même hauteur, non pas imperceptible comme M*m*, mais assez grande pour que chacune des bases devînt fort petite; moyennant cela, l'addition de toutes ces petites bases ne fera plus qu'une longueur comparable à la hauteur.

63. Voyons donc si nous ne pourrons point changer de cette sorte nos petits rectangles. Supposons d'abord, pour simplifier le problème, que nos rectangles, au lieu d'avoir pour bases des lignes égales aux circonférences KL (fig. 139), n'aient pour bases que les rayons KI de ces circonférences. Il ne nous sera pas difficile ensuite d'appliquer ce que nous aurons trouvé pour ces derniers rectangles, à ceux dont nous avons affaire.

Il s'agit donc de trouver un rectangle qui ait pour mesure le produit de M*m* par KI, et qui ait pour hauteur quelque ligne incomparablement plus grande que M*m*, et qui soit la même en quelque endroit que soit placé ce petit côté M*m*. Choisissons par exemple la droite CK, qui est l'apothème du polygone dont M*m* est le côté, et qui par conséquent est toujours la même, à quelque côté du polygone qu'elle appartienne. Nous devons donc chercher une ligne dont le produit par CK soit égal au produit de KI par M*m*, c'est-à-dire (IIe part., nº 7) qu'il faut trouver une quatrième proportionnelle aux trois lignes KC, KI, M*m*. Or nous savons que c'est par le moyen des triangles semblables qu'on découvre des lignes proportionnelles dans les figures; il faut donc former des triangles semblables, dont les côtés homologues soient les lignes en question : c'est ce qu'on fera en abaissant MR, perpendiculaire à *mp*. On aura alors les triangles M*m*R, KIC, qui seront semblables, car ils seront chacun rectangle, l'un en R, l'autre en I, et de plus ils auront les angles *m*MR, IKC égaux entre eux, à cause que le premier fait un angle droit avec l'angle M*m*R, égal à l'angle MKI, et que l'autre IKC fait aussi un angle droit avec MKI.

De là on peut conclure facilement que KC est à KI, comme M*m* à MR, c'est-à-dire que MR est la quatrième proportionnelle cherchée ; ou, ce qui revient au même, que le rectangle de KC par MR ou par P*p*, est égal au rectangle de M*m* par KI.

Mais comme le rectangle que nous nous étions d'abord proposé de changer, n'était pas celui de M*m* par KI ; que c'était celui de M*m* par la circonférence dont KI est le rayon, nous nous rappellerons ici que les circonférences sont entre elles comme les rayons, ce qui fait que l'égalité qui est entre le rectangle de M*m* par KI, et celui de P*p* par CK, entraîne nécessairement l'égalité du rectangle de M*m* par la circonférence de KI, au rectangle de P*p* par la circonférence de CK. Car on voit facilement que si deux rectangles sont égaux, et que conservant leurs hauteurs on augmente proportionnellement leurs bases, ces rectangles demeureront encore égaux.

64. Ayant découvert dans les deux numéros précédents que toutes les petites surfaces coniques tronquées, telles que V (fig. 138) sont égales à autant de rectangles qui auraient tous pour hauteur une même droite égale à la circonférerence dont KC (fig. 139) serait le rayon, et dont chacun aurait pour base une petite droite P*p*, correspondant à chaque côté M*m*, on en déduira qu'une somme quelconque de ces petites surfaces, prise depuis A jusqu'en *p*, par exemple, sera égale à un rectangle qui aurait pour hauteur une droite égale à la circonférence de CK, et pour base la somme de toutes les lignes telles que P*p*, prise depuis A jusqu'en *p*, c'est-à-dire la droite A*p*.

Donc pour avoir la surface totale produite par la révolution du polygone entier, il faudra faire un rectangle dont la base soit égale à la circonférence décrite du rayon CK, et qui ait une hauteur égale au diamètre AB.

65. Il est bien aisé maintenant de mesurer la surface de la sphère. Car il est clair que plus il y aura de côtés dans le polygone, plus le solide produit par sa révolution approchera d'être égal à la sphère, et plus aussi l'apothème CK approchera d'être égal au rayon; en sorte que, si l'on peut imaginer que le polygone soit devenu un cercle, l'apothème CK sera le rayon même, et la surface de la sphère aura la même étendue qu'un rectangle dont la hauteur et la base seraient, l'une le dia-

La surface de la sphère a pour mesure le produit de son diamètre par la circonférence de son grand cercle.

mètre et l'autre une ligne égale à la circonférence du cercle qui l'a produite, et qu'on appelle ordinairement le *grand cercle* de la sphère.

Ce que c'est qu'un segment de sphère.

Comment on mesure sa surface.

66. Quant à la surface courbe d'un segment de sphère AMLNO (fig. 140), c'est-à-dire de la partie de la sphère qu'on en retranche, lorsqu'on la coupe par un plan MLNO perpendiculaire au diamètre ; elle a pour mesure le produit de son épaisseur ou *flèche* AP par la circonférence du grand cercle AMBN. La raison en est la même que celle par laquelle on a prouvé (n° **64**) que la somme des surfaces de tous les petits cônes tronqués, compris depuis A (fig. 139) jusqu'en *m*, est égale au rectangle dont la hauteur est A*p*, et la base une ligne égale à la circonférence dont CK est le rayon.

67. La mesure précédente de la surface de la sphère apprend que si on fait tourner le rectangle ABDE (fig. 141), en même temps que le demi-cercle AMNB autour de AB, la surface courbe du cylindre droit EFGIKDH produit par la révolution de ce rectangle, sera égale à celle de la sphère décrite par le demi-cercle ; ce qu'on exprime ordinairement ainsi : la surface de la sphère est égale à celle du cylindre circonscrit.

La surface de la sphère est égale à celle du cylindre circonscrit.

Les tranches du cylindre et de la sphère ont la même superficie.

68. Et si on coupe, tant le cylindre que la sphère, par deux plans quelconques perpendiculaires au diamètre AB, en P et en Q, les tranches du cylindre et de la sphère qui seront produites par le mouvement de la droite OS et de l'arc MN, seront égales en superficie.

69. On voit encore, par ce qui précède, que la surface de la sphère est égale à quatre fois l'aire de son grand cercle : car la surface de ce grand cercle a pour mesure le produit de la moitié du rayon ou du quart du diamètre par la circonférence, et la superficie de la sphère est égale au produit du diamètre entier par la même circonférence.

La surface de la sphère est égale à 4 fois celle de son grand cercle.

70. La mesure de la surface de la sphère étant trouvée, il est bien aisé de mesurer sa solidité ; car on peut considérer la sphère comme l'assemblage d'une infinité de petites pyramides, dont les sommets sont à son centre, et dont toutes les bases couvrent la surface entière. Or chacune de ces pyramides ayant pour mesure le produit du tiers de sa hauteur, c'est-à-dire du rayon, par sa base, leur somme totale ou la solidité de la sphère se mesurera en multipliant le tiers du rayon par sa surface, c'est-à-dire par quatre fois l'aire du grand cercle.

La solidité de la sphère est le produit du tiers du rayon par 4 fois l'aire du grand cercle.

71. Comme le produit du tiers du rayon par quatre fois le grand cercle, est la même chose que le produit de quatre fois le tiers du rayon, c'est-à-dire des deux tiers du diamètre par le grand

6

cercle, et que la solidité du cylindre EFGIKDH a pour mesure le produit du diamètre par le même grand cercle qui lui sert de base; il s'ensuit que la solidité de la sphère est les deux tiers de celle du cylindre circonscrit.

La solidité de la sphère est les deux tiers de celle du cylindre circonscrit.

Mesure de la solidité d'un segment de sphère.

72. Si on se proposait de mesurer la solidité d'un segment de sphère AMLNO (fig. 140), il est évident qu'il faudrait d'abord mesurer la portion de sphère produite par la révolution du secteur CAM; ce qui se ferait en multipliant le tiers du rayon par la surface du segment de sphère proposé AMLNO; ensuite on retrancherait de cette mesure celle du cône produit par la révolution du triangle CPM, c'est-à-dire le cône dont la base est le cercle MLNO et CP la hauteur, et le reste serait la valeur demandée du segment.

73. Nous finirons ces Éléments par quelques propositions sur la solidité et sur la superficie des corps semblables. Ces propositions se présentent fort naturellement, lorsqu'on réfléchit sur ce qui constitue la similitude de deux corps. On peut dire même qu'on ne peut guère manquer de les découvrir par analogie, si on se rappelle ce que nous avons dit (Ire part., n°s 34 et suiv.) de la similitude des figures planes, c'est-à-dire de celles qui sont décrites sur des plans.

Nous avons déterminé (32) en quoi consiste la similitude de deux pyramides; la définition que nous avons donnée alors des pyramides semblables peut s'étendre à tous les corps terminés par des plans : c'est-à-dire que deux corps de cette nature seront appelés *semblables*, si tous les angles formés par les côtés du premier sont les mêmes que les angles formés par les côtés du second, et si les côtés d'un de ces corps sont proportionnels aux côtés homologues de l'autre.

En quoi consiste la similitude de 2 corps terminés par des plans.

74. Quant aux corps qui ne sont pas terminés de tous les côtés par des plans, les cylindres et les cônes par exemple, il est aussi facile de déterminer les conditions nécessaires pour les rendre semblables.

Conditions qui déterminent la similitude de 2 cylindres droits.

Deux cylindres droits seront semblables, si leurs hauteurs sont en même raison que les rayons de leurs bases.

Celle de 2 cylindres obliques.

75. Si les cylindres sont obliques, il faudra de plus que les lignes qui joignent les centres des deux cercles, dans chacun de ces cylindres, fassent les mêmes angles sur les plans de leurs bases.

Celle de 2 cônes.

76. Les mêmes définitions peuvent s'appliquer aux cônes, en mettant au lieu de la ligne qui passe par les centres des deux bases du cylindre, celle qui va du sommet du cône au centre du cercle qui lui sert de base.

77. Pour que deux cônes tronqués soient sem-

Cellé de 2 cônes tronqués.

blables, il faut en premier lieu que les cônes dont ils sont portions soient semblables l'un à l'autre; et en second lieu que leurs hauteurs soient entre elles comme les rayons de leurs bases.

Les sphères, les cubes, et toutes les figures qui ne dépendent que d'une seule ligne, sont toutes semblables.

78. A l'égard des sphères, on voit bien qu'elles sont toutes semblables les unes aux autres, ainsi que toutes les figures, soit solides, soit planes, qui n'ont besoin que d'une seule ligne pour être déterminées, comme le cercle, le carré, le triangle équilatéral, le cube, le cylindre circonscrit à la sphère, etc.

En général, les solides semblables ne diffèrent que par les échelles sur lesquelles ils sont construits.

79. En général, on peut dire des figures solides semblables, comme on l'a dit des figures planes, qu'elles ne diffèrent que par les échelles sur lesquelles elles ont été construites.

Cet exposé seul, bien considéré, conduit à deux propositions fondamentales sur la superficie et sur la solidité des corps semblables.

Les surfaces des solides semblables sont entre elles comme les carrés de leurs côtés homologues.

80. La première proposition apprend que les surfaces de deux solides semblables sont entre elles comme les carrés de leurs côtés homologues; qu'il y a par exemple même rapport entre les surfaces des deux pyramides semblables *z* et Z (fig. 142 et 143), qu'entre les carrés *abcd*, ABCD faits sur les côtés *ab*, AB, qui se répondent dans ces deux pyramides.

Pour découvrir cette proposition, on n'a besoin que des raisonnements qu'on a employés (Ire part., n°s 43 et 44), c'est-à-dire qu'il faut seulement considérer que, si P est l'échelle de la pyramide Z et *p* l'échelle de la pyramide semblable *z*, les lignes qu'il faudra employer pour mesurer la surface de Z et celle du carré ABCD, auront le même nombre de P, qu'il y aura des parties *p* dans celles qu'il faut employer pour mesurer la surface de *z* et celle du carré *abcd*.

Car de là il suit que le produit des lignes qui entrent dans la mesure de Z et de ABCD, donnera le même nombre de carrés X faits sur P, que le produit des lignes employées à mesurer *z* et *abcd* donnera de carrés *x* faits sur *p*. C'est-à-dire que les nombres qui exprimeront le rapport de la surface de la pyramide Z au carré ABCD, seront les mêmes que ceux qui exprimeront le rapport de la surface *z* au carré *abcd*.

On ferait le même raisonnement dans la comparaison de tous les autres corps semblables, soit que ces corps fussent terminés par des plans, soit qu'ils fussent terminés par des surfaces courbes : car les lignes employées à mesurer les superficies de tous ces corps, auront toujours le même nombre des parties de leurs échelles, et par conséquent les produits de ces lignes contiendront un même nombre de fois les carrés de ces mêmes parties.

Et si les lignes nécessaires pour mesurer la superficie des corps semblables, étaient incommensurables, il est clair que la démonstration subsisterait toujours, pourvu qu'on employât ici les principes dont on s'est servi (IIe part., n° 28) pour comparer les figures semblables, dont les côtés étaient incommensurables.

Les surfaces des sphères sont entre elles comme les carrés de leurs rayons.

81. On prouverait de la même façon que les surfaces des sphères sont entre elles comme les carrés de leurs rayons. Mais, pour le voir encore plus clairement d'une autre manière, il suffira de se rappeler que les surfaces des cercles sont entre elles comme les carrés de leurs rayons (IIIe part., n° **6**) et que les surfaces des sphères sont quadruples de leurs grands cercles (**69**).

82. La proportionnalité entre les surfaces des corps semblables et les carrés de leurs côtés homologues est si générale qu'elle s'applique autant aux corps qu'on ne sait pas mesurer qu'à ceux dont on connaît la mesure.

Sans savoir mesurer par exemple la surface d'un cylindre oblique, on peut affirmer que les surfaces de deux cylindres obliques semblables sont entre elles comme les carrés des diamètres des bases de ces cylindres ; car en inscrivant dans ces deux cylindres deux prismes semblables de tant de faces qu'on voudra, on verra par ce qui précède que les surfaces de ces prismes seront entre elles comme les carrés des diamètres des bases. Donc les cylindres mêmes, considérés comme les derniers des prismes inscrits, auront leurs surfaces dans le même rapport.

83. La proposition fondamentale pour la comparaison de la solidité des corps semblables est celle-ci.

Les solides semblables sont entre eux comme les cubes de leurs côtés homologues.

Les solides semblables sont entre eux comme les cubes de leurs côtés homologues.

Cette proposition se peut démontrer comme la précédente, en considérant que les figures semblables ne diffèrent que par les échelles sur lesquelles elles sont construites.

Pour le faire voir le plus simplement qu'il nous sera possible, nous nous servirons par exemple des deux prismes semblables Z et z (fig. 144 et 145), et des deux cubes X et x, dont les côtés sont égaux à AB, ab, lignes analogues dans ces deux prismes; et nous prendrons de plus deux échelles AB, ab, divisées en un assez grand nombre de parties, pour pouvoir mesurer les dimensions de ces solides : or, cela posé, il est clair qu'il se trouvera pareillement autant de cubes faits sur les parties de ab, dans le prisme z et dans le cube x, que de cubes faits sur les parties de AB dans le prisme Z et dans le cube X.

On ferait le même raisonnement pour tous les autres solides; et ceux qui pourraient avoir des dimensions incommensurables seraient aussi dans la même raison que les cubes de leurs côtés homologues.

Les sphères sont entre elles comme les cubes de leurs rayons.

84. Les solidités des sphères, par exemple, sont évidemment entre elles comme les cubes de leurs rayons.

FIN.

TABLE DES MATIÈRES.

PREMIÈRE PARTIE.

SECONDE PARTIE.

TROISIÈME PARTIE.

QUATRIÈME PARTIE.

FIN DE LA TABLE DES MATIÈRES.

DE L'IMPRIMERIE DE CH. LAHURE (ANCIENNE MAISON CRAPELET),
rue de Vaugirard, 9, près de l'Odéon.

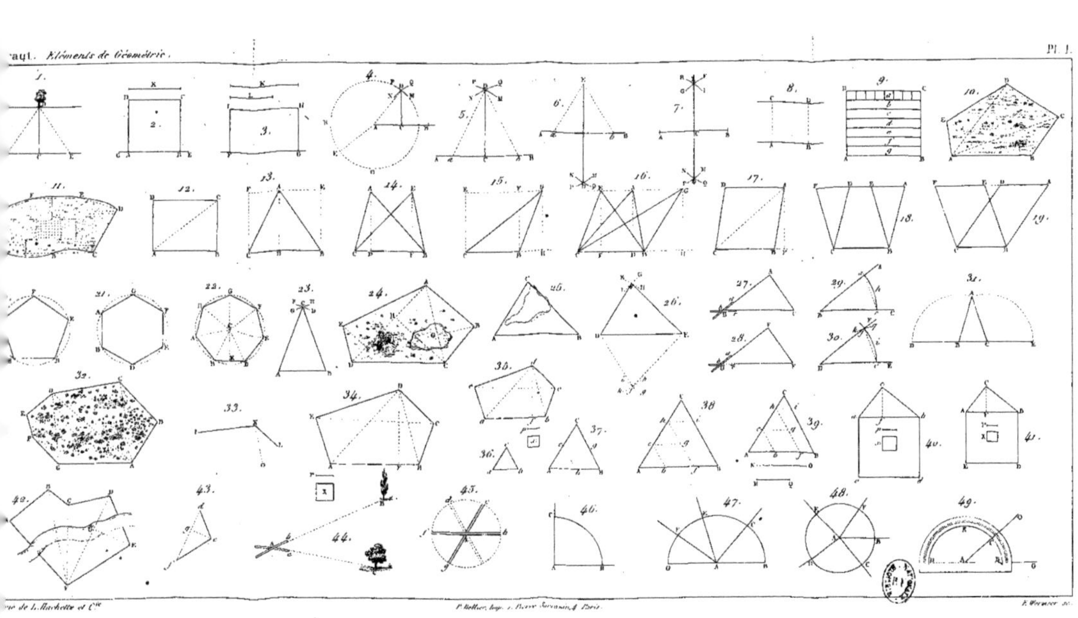

...rie de L. Hachette et Cie   P. Bellier, Imp. r. Pierre Sarrazin, 4, Paris.   F. Oriamer sc.

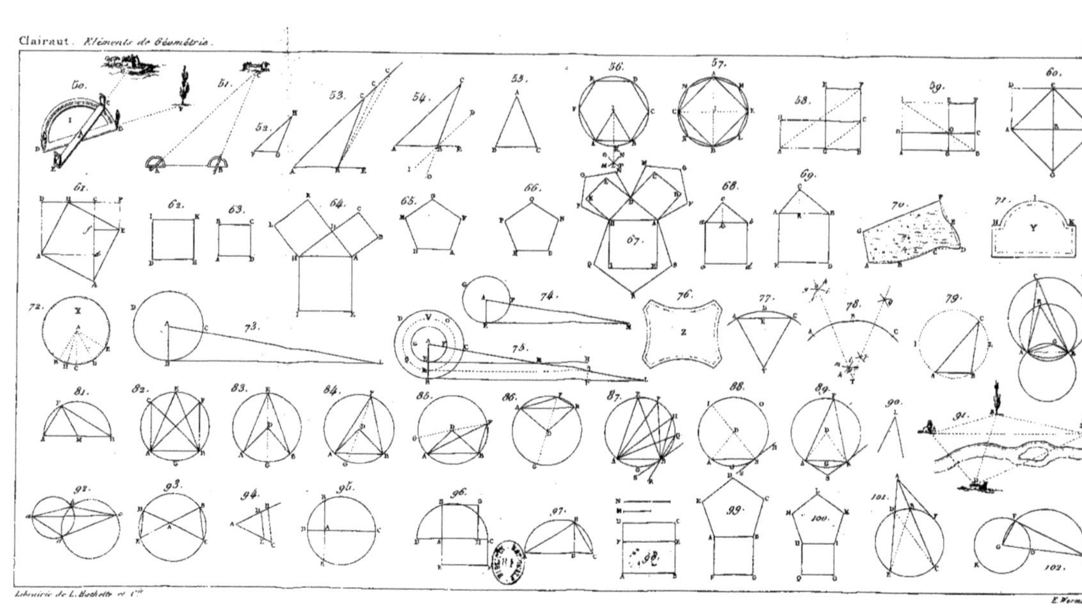

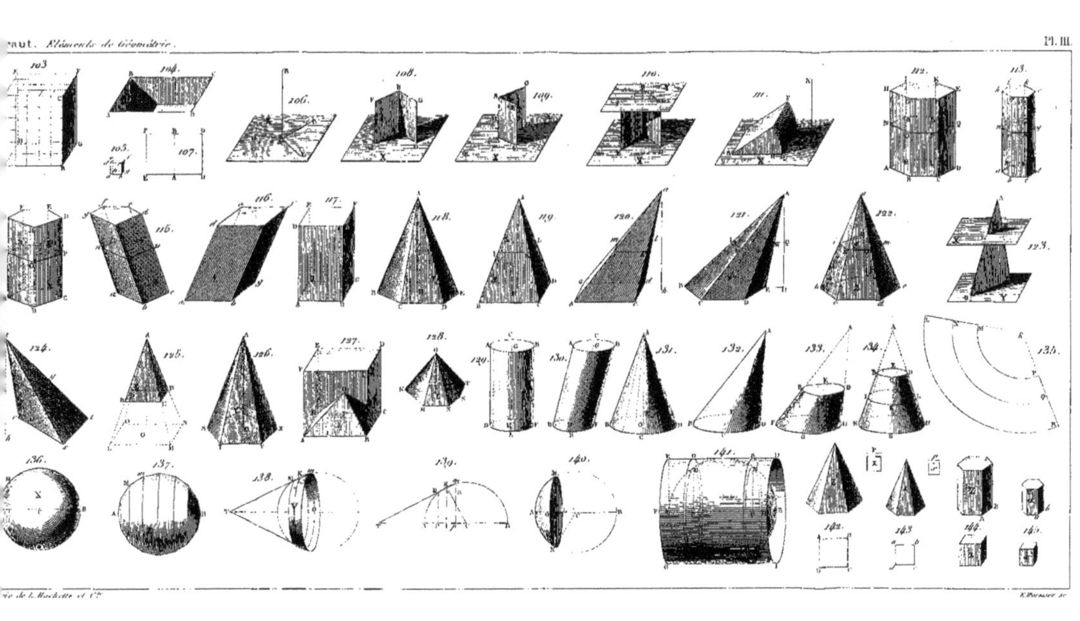

www.ingramcontent.com/pod-product-compliance
Ingram Content Group UK Ltd.
Pitfield, Milton Keynes, MK11 3LW, UK
UKHW022110190726
13855UKWH00002B/759